看護に必要な

やりなおし
数学・物理

著 時政孝行

照林社

はじめに

　看護学校に入学してしばらくすると「人体」についての講義が始まります。人体のことを「最後のフロンティア」、あるいは「驚異の小宇宙」などと形容する科学者がいますが、これらの形容にはいまだ十分に解明されていない不思議な世界という意味が込められているのではないでしょうか。

　この不思議な世界について勉強しようと思えば、たくさんの本を読まなければなりません。ときには物理や化学の教科書を読む必要に迫られるかもしれません。

　しかし、ここでトラブルが発生します。つまり、「中学時代から苦手だったのに……」、「高校時代に一応は勉強したけれど……」という問題。入試科目に理系が入っておらず、3科目（生物、物理、化学）とも勉強不足などというケース以外に、最近増加傾向にある社会人入学の場合には、「10年前は得意だったけれど……」などのケースも目立ちます。

　せっかく看護師をめざして入学したのです。ここでくじけてはいけません。そこで、1つの解決策として、「理系科目の食わず嫌い」にならないように専門基礎科目が始まるまでに高校時代の理系科目をざっとおさらいできるテキストをつくりました。テキストは数学、物理、生物、化学の4部構成です（生物、化学は別書籍）。看護学校で必要とされる基礎知識を補完していこうという狙いで執筆しましたので、大いに活用されるように願っています。国試過去問も演習しますので、国試対策の一環としても大いに活用していただければ幸いです。

著者

看護に必要な 数学 CONTENTS

第1章
2 看護×数学
なぜ看護に数学が必要なのか、その理由

第2章
8 看護の基本となる計算
- 8 累乗と指数と平方根
- 10 分数と小数
- 12 小数点以下の四捨五入
- 12 百分率（パーセント、％）
- 13 簡約
- 14 分数の加減乗除（四則演算）
- 16 累乗の入った乗除（四則演算）
- 17 等式と方程式
- 18 比例と反比例

第3章
20 看護によく出る単位と計算
- 20 国際基本単位
- 21 大きな数と小さな数
- 22 長さ、面積、体積（容積）
- 24 速度、加速度、力
- 25 圧力
- 26 温度
- 27 物質量
- 28 溶液の濃度

第4章
30 実習・国試に必要な看護計算の方法
- 30 看護計算
  - 30 薬用量の計算
  - 33 点滴速度と滴下速度の計算
  - 36 希釈に関する計算
- 37 看護に必要なその他の計算
  - 37 医療用酸素ガスに関する計算
  - 38 BMI（体格指数）
  - 38 小児の身体の発達指数
  - 40 カロリー計算

第5章
42 看護に関係の深いグラフとその書き方・読み方
- 42 熱型表
- 43 XYプロット
- 44 心拍数トレンドグラフ
- 44 心電図
- 45 片対数プロット（セミログプロット）
- 46 棒グラフ
- 46 散布図
- 47 円グラフ

51 演習問題　解答・解説

コラム
- 55 九九一覧表
- 56 数学・物理の国試対策の最重要ポイント

Note
- 9 ①指数関数と対数関数
- 11 ② $\frac{11}{7}$ の筆算
- 15 ③ $\frac{1}{2} + \frac{1}{3} = \frac{2}{5}$?
- 25 ④Torrの由来
- 27 ⑤アボガドロ数
- 33 ⑥錠剤は割らずに投与すべし
- 34 ⑦注射の略語

演習問題
- 16 ①分数や累乗を含む計算問題
- 19 ②比例・反比例
- 26 ③単位換算
- 41 ④看護計算
- 48 ⑤さまざまなグラフの書き方

看護に必要な 物理 CONTENTS

第1章
58 看護×物理
なぜ看護に物理が必要なのか、その理由

第2章
62 看護の基礎となる力の話
- 62 重力と重力加速度
- 64 ダイン
- 65 力のモーメント
- 68 力の合成と分解
- 70 圧力
- 72 仕事（ジュール）と仕事率（ワット）
- 72 力学的エネルギー
- 73 熱エネルギー
- 73 ボイルの法則
- 74 ボイル・シャルルの法則
- 75 分圧の法則

第3章
76 看護の基礎となる電気の話

76 電気
- 76 電気エネルギー
- 76 電子
- 78 自由電子と導体
- 79 電気量の単位

80 電流
- 80 電流とは
- 81 オームの法則
- 81 直列に接続された抵抗の合成抵抗
- 81 並列に接続された抵抗の合成抵抗
- 83 コンデンサー
- 83 人体のコンデンサー

84 電流と磁場
- 84 電流がつくる磁場
- 84 電流が磁場から受ける力

86 交流と電磁波
- 86 キルヒホッフの法則
- 88 交流電源
- 89 人体の電気ショック
- 90 アース
- 90 電源コード
- 91 電磁波

第4章
92 看護の基礎となる波の話
- 92 波とは

93 音波
- 93 音波とは
- 94 デシベル
- 96 音速
- 96 ドップラー効果
- 97 コロトコフ音

98 光波
- 98 光波とは
- 99 目の構造と機能
- 101 近視のメカニズム
- 101 パルスオキシメーター

第5章
104 看護に必要な放射線の話
- 104 X線とγ線
- 108 シンチグラフィー
- 110 粒子線
- 111 放射線に関する単位
- 112 許容被曝量

Note
- 63 ①質量と重さの違い
- 65 ②ベクトル量とスカラー量
- 69 ③三角関数
- 79 ④帯電列（静電序列）
- 85 ⑤心電図への応用1　フレミングの法則
- 87 ⑥心電図への応用2　キルヒホッフの法則
- 99 ⑦光の屈折のポイント
- 100 ⑧眼球の解剖生理
- 105 ⑨粒子線の英訳
- 106 ⑩電子の運動エネルギー
- 107 ⑪レントゲンとベクレル
- 110 ⑫外部被曝と内部被曝

演習問題
- 64 ①重力の計算
- 67 ②力のモーメント
- 75 ③ボイル・シャルルの法則
- 79 ④電荷
- 80 ⑤電流
- 82 ⑥オームの法則
- 91 ⑦周波数
- 95 ⑧デシベル
- 109 ⑨シンチグラフィー
- 110 ⑩粒子線
- 111 ⑪放射線の単位

113 演習問題　解答・解説

巻末資料
- 118 数学・物理の重要公式
- 121 索引

装丁　　　　　　ビーワークス
本文デザイン・DTP　林慎悟（D.tribe）
本文DTP　　　　レディバード
表紙イラスト　　ウマカケバクミコ
ロゴイラスト　　ウマカケバクミコ
本文イラスト　　Igloo*dining*、今崎和広、日の友太

本書の使い方

本書では、看護に必要な「数学」「物理」を、
中学・高校レベルの知識を踏まえながら解説します。
より効率よくやりなおしできるよう、本書の活用法を紹介します。

1 看護とのかかわりを知る！
第1章で、まずは各科目が看護の勉強にどのようにかかわるのかを知りましょう。

2 基礎知識を見直す！
本文に入る前に、各科目で基本となる用語や単位についておさらいしましょう。覚えていなくてもだいじょうぶ！　本文でわからないところがあれば、このページに戻ってチェックしましょう。

3 やりなおしを始める！
ベースができたら本文でやりなおしを始めましょう。

解説にもこんな特徴があります

例題を解いて理解を確実にする！
解説の途中に看護師国家試験の過去問などを用いた例題があります。例題を解くことで、より理解が深まります。解答・解説にも大切なことが載っているので、チェックしておきましょう。

解いてみよう!!

演習問題を解いて応用力を身につける！
例題だけではなく、演習問題も用意しました。理解の確認に役立つ応用問題になっています。解答・解説は各パートの末に用意してありますので、まずはチャレンジしてから解説を読みましょう。

確認のためもう一度トライ！　演習問題 1

Noteで幅広い知識を得る！
解説に関連した、最新知識や臨床的な話題、教養知識などをNoteで紹介しました。教科書には載っていないような話題ばかりですので、楽しんで読んでください。

『看護に必要な やりなおし生物・化学』
著●時政孝行　定価●本体1,600円+税／B5判144頁

あわせて活用してね！

看護に必要な数学

看護師に必要な与薬の計算は、看護師国家試験でも頻出です。
これらを攻略するには、計算の力＝数学の力が欠かせません。
しかし、日常生活の簡単な足し算、引き算、かけ算、わり算はできても、
分数や小数が入った計算に戸惑う人も多いのでは？
でも、キホンさえしっかり身につければ看護に必要な計算はだいじょうぶ！
小学校、中学校のレベルから、最低限必要な知識をていねいに解説します。

CONTENTS

- 第1章　看護×数学　なぜ看護に数学が必要なのか、その理由 ……… 2
- 第2章　看護の基本となる計算 ……… 8
- 第3章　看護によく出る単位と計算 ……… 20
- 第4章　実習・国試に必要な看護計算の方法 ……… 30
- 第5章　看護に関係の深いグラフとその書き方・読み方 ……… 42
- 数学　演習問題の解答・解説 ……… 51

第1章 看護×数学

なぜ看護に数学が必要なのか、その理由

　みなさんは調剤薬局に天秤やメスフラスコなどの計測・計量器が置いてあるのをご存じですか。計測・計量とは、道具や機械を使ってはかる（計る、測る、量る）こと。これには計算がつきものです。つまり、薬と計算は切っても切れない関係にあるわけです。

　さて、薬用量計算とは薬の用量を計算することですが、これを看護師が行うのがNursing Calculations[1]。日本語訳は「看護計算」です。看護計算は看護師国家試験にもたびたび出題されている分野です。本書の数学では、この看護計算も勉強できるように配慮しました。看護計算は3段構えです。

- 第1段階──計算式を立てる
- 第2段階──計算式を解く
- 第3段階──第2段階の結果に基づいて与薬する

　病棟ではさらに、これら3段階を迅速かつ正確に、しかもオン・ザ・ジョブで実行することが求められます。

　本書では、看護計算の第1段階と第2段階に必要な基礎知識を解説しますが、重点は第1段階に置かれています。なぜなら、式が立てられないと解くことすらできないからです。計算式を立てるためにはある程度の数学の知識が必要です。

　右のように、看護計算の基本は加減乗除（四則演算）です。ただし、小数や分数を含みます。したがって、演算の難易度自体は小学6年生レベルです。もちろん、数値の計算だけでなく単位（mgやmL）の計算も必要となります。

　そのため、基本をしっかりおさえておけば、看護計算はこわくないのです。

　また、看護に必要な物理や化学、生物の基本となるのも数学です。

　というわけで、まずは数の計算について、問題を解きながらしっかりおさらいしていきましょう。

看護計算に関する国試過去問

薬液量に関する問題

第95回 午前問題 46

5%グルコン酸クロルヘキシジンを用いて0.2%希釈液1,000mLをつくるのに必要な薬液量はどれか。

1. 10mL
2. 20mL
3. 40mL
5. 50mL

解答・解説

[解答] 3

[解説] この問題はかけ算とわり算、正確には小数と分数を含んだかけ算とわり算だけで正解できますが、わり算と分数の関係、百分率（％、パーセント）やmL（ミリリットル）の意味などをマスターしていることが大前提です。

詳しくは第4章（P.30～）で解説しますが、薬液量を求める基本式は以下のとおり。

$$必要な薬液量 = \frac{作成液量}{(原液濃度 \div 希釈濃度)}$$

希釈濃度＝0.2％、原液濃度＝5％、作成液量＝1000mLを基本式に代入すると、必要な薬液量＝40mLが得られます。

$$必要な薬液量 = \frac{1000}{(5 \div 0.2)}$$
$$= \frac{1000}{25}$$
$$= 40$$

滴下速度に関する問題

第102回 午後問題 18
※必修問題を改変

点滴静脈内注射1,800mL/日を行う。一般用輸液セット（20滴≒1mL）を使用した場合、1分間の滴下数はいくらか。ただし、小数点以下の数値が得られた場合は、小数点以下第1位を四捨五入すること。

解答・解説

[解答] 25（滴）

[解説] 基本の式は、以下のとおり。

$$滴下速度（滴下数/分）= \frac{液量（滴下数）}{時間（分）}$$

液量（滴下数）＝1800mL×20滴/mL、時間（分）＝24×60分を代入すると解答が得られます。

$$滴下速度（滴下数/分）= \frac{1800mL \times 20滴/mL}{24 \times 60分}$$
$$= \frac{36000}{1440}$$
$$= 25$$

数学1 看護×数学 なぜ看護に数学が必要なのか、その理由

> これだけは覚えておこう！

数学に必要な基本の用語・記号

まず数について復習しますが、その前に、次の基本用語・記号をおさえておきましょう。
本文にもたびたび出てくる言葉ですので、忘れたら繰り返しこのページに戻って確認してみてください。

1　基本となる4つの計算

普段の生活でもよく使用している計算の種類です。基本は4つ。
これが基礎となりますので、きちんとおさえておきましょう。

❶ 足し算　記号は ＋
またの名を加法（かほう）といいます。
加法の答えを和（わ）といいます。

（例）1＋2＝3　答えの3が和です。

❷ 引き算　記号は －
またの名を減法（げんぽう）といいます。
減法の答えを差（さ）といいます。

（例）3－1＝2　答えの2が差です。

❸ かけ算　記号は ×
またの名を乗法（じょうほう）といいます。
乗法の答えを積（せき）といいます。

（例）2×3＝6　答えの6が積です。

❹ わり算　記号は ÷
またの名を除法（じょほう）といいます。
除法の答えを商（しょう）といいます。

（例）6÷2＝3　答えの3が商です。

この4つをあわせて
加減乗除（かげんじょうじょ）または四則演算（しそくえんざん）（四則）
といいます！

② 計算の決まりごと

計算には決まりごとがあります。
基本となる約束ごとを思い出してみましょう！

❶ 計算は左から順番に行う。

原則として、計算は左から順番に行う決まりごとです。

(例) 3＋2－4＋3＝4

❶ 3＋2＝5
❷ 5－4＝1
❸ 1＋3＝4

❷ ( ) があるときは、( ) のなかの計算を優先しよう。

たまに( )のなかに計算があるときがあります。そういったときは、( )のなかの計算を先に解きましょう。

(例) (3＋2)×4＝5×4＝20

❸ いろいろ記号があるときは、×と÷を優先して計算、＋と－はそのあとで。

足し算、引き算、かけ算、わり算が混じった計算式のときは、かけ算とわり算を優先して解きましょう。そのときのルールは、①の左から順番に解いていくことです。基本はいっしょですね。

(例) 3×2＋1＝6＋1＝7

③ 計算によく出てくる記号

計算式に出てくる記号です。あまりなじみのないものもあるかもしれませんが、一度覚えてしまえばとても便利。ぜひマスターしてください。

記号	意味
∴	(意味)結論、したがって、ゆえに
∵	(意味)理由、根拠、なぜならば
＝	(意味)等しい、イコール 「＝」を使って表した式を等式と呼びます。P.17で詳しく解説します。
≒	(意味)ほとんど等しい、近似 「≒」を使って表した式を近似式と呼びます。

筆算のおさらい

電卓がないときに便利なのが筆算です。
筆算のやり方をおさらいしてみましょう。

足し算

①小数第1位は0.6＋0.6＝1.2
②10の位に1増やす（1.2の1が移動）
③10の位は1＋1＋1＝3
④答えは3.2

小数点があるときは、小数点の位置をそろえるのを忘れないでね

```
  1.6
+ 1.6
─────
  3.2
```

引き算

①1の位は4－6で引けない！
②隣の10の位から1をもらう。14－6＝8
③10の位は1－3で引けない！
④100の位から1をもらう。11－3＝8
⑤10の位は8、1の位は8で答えは88

```
 1 2 4
－  3 6
──────
    8 8
```

かけ算（小数点がある場合）

①普通のかけ算として計算する。
　16×16＝256
②計算のなかに小数点以下の数字は2つあるので、小数点以下の数字が2つになるように小数点を打とう！

```
    1.6
 ×  1.6
 ──────
    9 6
  1 6
 ──────
   2.5 6
```

わり算

①わる数がわられる数より大きくなる数を探そう
　（九九はP.55でおさらいしよう）

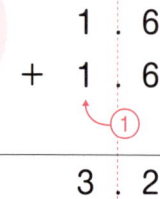

7のほうが大きいのでOK！これ以上割れないってこと

```
       6.8 5
   ┌────────
 7 │ 4 8
     4 2
     ───
       6 0
       5 6
       ───
         4 0
         3 5
         ───
           5
```

 ## 数を表すさまざまな言葉

1つの数字といえども、捉え方によってさまざまな呼び方があります。
とはいえ難しいものではありません。捉え方さえわかれば簡単です。
一度は聞いたことのあるものばかりだと思いますので、思い出すつもりで復習してみましょう。

正数と負数	● 正数は0より大きな数です。通常は正の符号「＋」を省略しますが、状況次第では正の符号「＋」をつけないと話がややこしくなる場合もあります ● 負数は0より小さな数で、負の符号「－」をつけて表します ● 0は正数でも負数でもありません
自然数と負の整数	● 自然数とは5個の5、20人の20など個数や人数などを表す数、つまり正の整数です。これに対して、－5や－20など負の符号のついた整数を負の整数といいます。自然数と負の整数と0を合わせて整数と呼びます。つまり、0から1ずつ増やしたり、減らしたりすることによってできる数のことです
名数と無名数	● 5個や20人など単位のついた数字を名数といいます。反対語は無名数。例えば単なる5や20などですが、名数同士をわった数字（例：100人を20人でわった数字、つまり5）も無名数と定義されます

では、ここまでの基本用語をおさらいしたら、確認の問題を解いてみましょう。

 例題1 次の計算を解いて答えを求めよ。

① 100－33
② 100個－33個
③ 100個÷5個

解答・解法

① [解答]67　　[解法]100－33＝67

② [解答]67個　[解法]100個－33個＝67個
　　　　　　　単位のついた数は名数と呼びますね！

③ [解答]20　　[解法]100個÷5個＝20
　　　　　　　（∵名数同士をわった数字は無名数）

看護に必要な数学

第2章 看護の基本となる計算

基本の計算・記号や用語をおさらいしたところで、
看護に必要な計算の方法を復習していきましょう。
看護計算の基本となるものですので、確実におさえてください。

累乗と指数と平方根

同じ数を複数回かけ合わせることを、その数の**累乗**といいます。例えば、2の3乗とは2を3回かけ合わせる、つまり2×2×2のことです。表記方法は「2^3」。

ここで、2の右肩に小文字表記する3、つまりかけ合わせる回数を**指数**といいます。

> 累乗の表し方
> 2^3 ←……指数

> 2^3 の読み方
> 「2の3乗」と読む。

一般的には、aをn回かけ合わせたものをa^nで表します。nは指数です。
指数が正でない場合、累乗は次のように定義されます。

$$a^0 = 1$$
$$a^{-n} = \frac{1}{a^n}$$

累乗はすごく大きな数や、すごく小さな数を表現するのに便利です。

2乗してaになる数がaの**平方根**($\sqrt{}$)です。$\sqrt{2}$ は1.41421356……で、暗記方法「ヒトヨヒトヨニ、ヒトミゴロ」は有名です。同様に、$\sqrt{3}$ は1.7320508……で「ヒトナミニ、オゴレヤ」です。$\sqrt{2}$ は2等辺3角形の長辺の長さを計算するときのポイントでしたね。

2乗して10になる数が$\sqrt{10}$ですが、$\sqrt{10}$は10の$\frac{1}{2}$乗($10^{\frac{1}{2}}$)とも表記します。

> **平方根**
> 2乗することを「平方する」というため、この呼び名がついている。2の平方根である$\sqrt{2}$で考えてみよう。1.414……×1.414……を計算すると1.999……と限りなく2に近い数になる。しかし、このような計算は面倒なので$\sqrt{}$で表すと便利である。かけ合わせた数を表すので、$\sqrt{}$の中には基本的に正の数しか入らない。

例題 2

次の計算式を解け。⑧は簡単にせよ。

① 7^2
② 3^4
③ $(-3)^2$
④ -2^4
⑤ 5^0
⑥ 5^{-2}
⑦ $\sqrt{9}$
⑧ $\sqrt{6}$

解いてみよう!!

解答・解説

① [解答] 49 [解説] $7^2 = 7 \times 7 = 49$
② [解答] 81 [解説] $3^4 = 3 \times 3 \times 3 \times 3 = 81$
③ [解答] 9 [解説] $(-3)^2 = (-3) \times (-3) = 9$
④ [解答] -16 [解説] $-2^4 = -(2 \times 2 \times 2 \times 2) = -16$
⑤ [解答] 1 [解説] $5^0 = 1$（∵これが指数の定義です）
⑥ [解答] $\dfrac{1}{25}$ [解説] $5^{-2} = \dfrac{1}{5^2}$
　　　　さらに計算すると、$\dfrac{1}{5^2} = \dfrac{1}{(5 \times 5)} = \dfrac{1}{25}$
⑦ [解答] 3 [解説] $\sqrt{9} = 3$（∵$3 \times 3 = 9$）
⑧ [解答] $\sqrt{2} \times \sqrt{3}$ [解説] $\sqrt{6} = \sqrt{(2 \times 3)} = \sqrt{2} \times \sqrt{3}$

Note 1

指数関数と対数関数

累乗a^nの指数nを変化させたときのa^nを計算する方法があります。それが**指数関数**で、

$$y = a^x$$

という形をとります。
　また10のp乗がM、つまり$10^p = M$のとき、

$$p = \log_{10} M$$

と表します。これを**対数関数**といいます。関数の形にすると、

$$y = \log_{10} X$$

表現するときは「pは10を底(てい)とするMの対数（正確には常用対数）」といいます。
　実際の数字をあてはめてみましょう。3の4乗を指数関数で表すと$3^4 = 81$、対数関数で表すと$4 = \log_3 81$となります。
　ちなみに、logとは英語で「対数」を表すlogarithmの頭文字からとったものです。logを使うと何が便利かというと、かけ算を足し算に、わり算を引き算にできることです。以下がその公式です。

対数の加法の例

$$\log_{10} M_1 + \log_{10} M_2 = \log_{10}(M_1 \times M_2)$$

対数の減法の例

$$\log_{10} M_1 - \log_{10} M_2 = \log_{10}\left(\dfrac{M_1}{M_2}\right)$$

関数

変化するxとyの2つの数（=変数）において、xの値が決まるとyの値も1つ決まるとき、yはxの関数であるという。$y = f(x)$と表す。ちなみに、fは英語で「関数」を表すfunctionの頭文字である。

分数と小数

　食べ物などを4人で公平に分けることを4等分するといいますが、じつはこれが**分数**です。紙に書くと$\frac{1}{4}$。数字と数字の間の線が**括線**、線の上の数字が**分子**、下が**分母**、そして、分子を分母でわるという作業（＝計算）が**わり算**です。

　キャンディー100個を4人で等分する場合のわり算は100÷4、分数は$\frac{100}{4}$ですが、このように分子のほうが分母より大きな分数を**仮分数**と呼ぶ約束です。反対語は**真分数**。したがって、$\frac{1}{4}$は真分数です。

　さて、キャンディー100個を9人で等分する場面を想像してください。11個ずつ分配しても1個残ります……100÷9＝11（余り1）。公平に分けるためには余った1個を粉末にして$\frac{1}{9}$個ずつ配らないとダメです。これが**帯分数**の原理で、$\frac{100}{9}=11\frac{1}{9}$と書きます。11個プラス$\frac{1}{9}$個という意味です。ちなみに、どんな仮分数でも帯分数に変形できます。

　今度はピザ1枚を友だち4人で食べる場面です。$\frac{1}{4}$切れずつにしないとケンカになります。わり算では1÷4＝0.25。つまり$\frac{1}{4}=0.25$。これが分数と小数の関係です。

　小数にも大事な約束事があります。それが**小数点位**。小数点より右側にある数字の位置を表すときに必要です。例えば0.25の場合、小数点第1位の数字は2ですか、5ですか、ということです。答えは当然2です。

　2つの数の積が1のとき、一方の数を他方の数の**逆数**といいます。4の逆数は$\frac{1}{4}$（∵$4\times\frac{1}{4}=1$）。$\frac{1}{4}$の逆数は4（∵$\frac{1}{4}\times 4=1$）。ピザに当てはめてみると、ピザ1枚は$\frac{1}{4}$切れの4人分に相当するというわけです。

　さて、4は2の2乗に等しいので、$\frac{1}{4}$は$\frac{1}{2^2}$と変形することができますが、さきほど累乗の項で復習したように、$\frac{1}{2^2}$は2^{-2}に変形できるという約束がありますので、マスターしてください。

　例えば$\frac{1}{10000}$の場合、分母の10000は10の4乗（＝10^4）に等しいので、$\frac{1}{10000}=\frac{1}{10^4}=10^{-4}$というわけです。

$11\frac{1}{9}$の読み方

「11と9分の1」と読む。

Note 2

$\dfrac{11}{7}$ の筆算

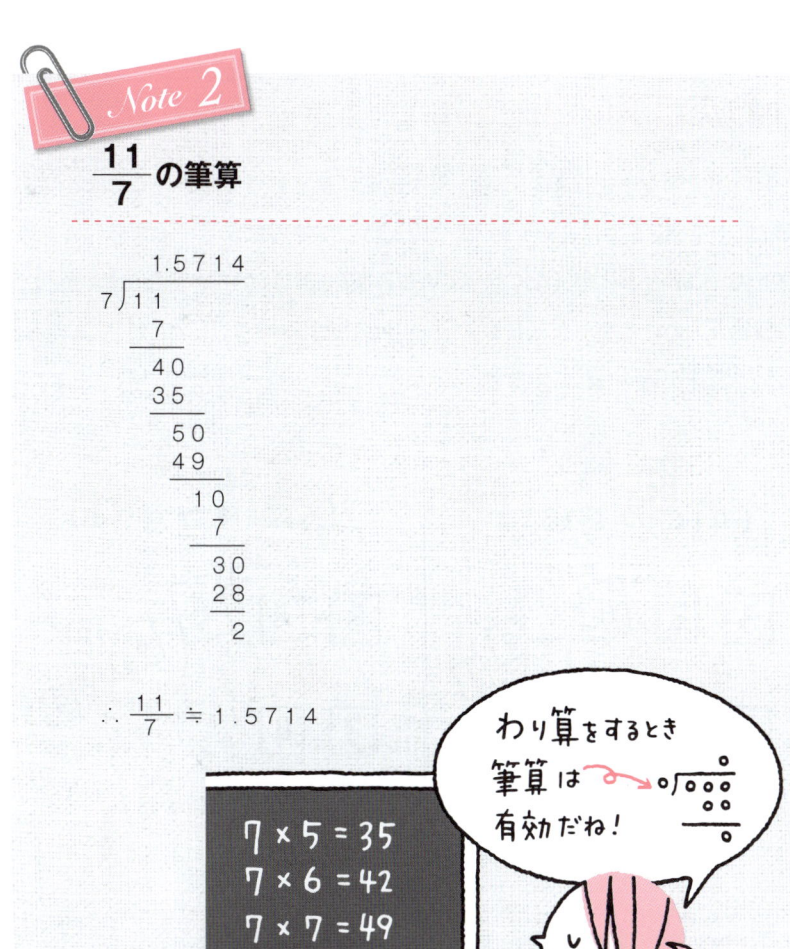

$$\therefore \dfrac{11}{7} \fallingdotseq 1.5714$$

数学 2 看護の基本となる計算

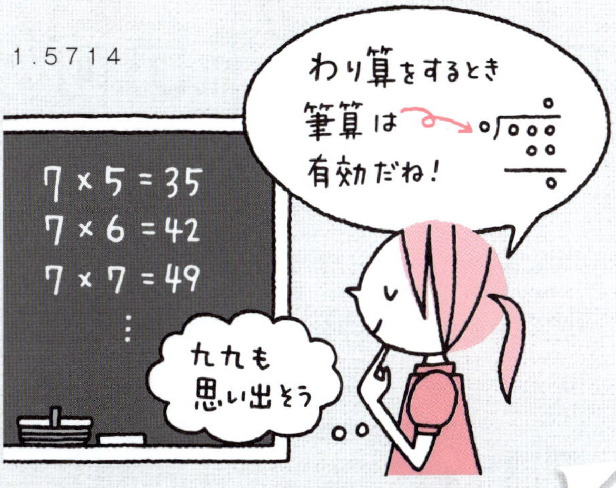

例題 3

問題1 次の仮分数を帯分数にせよ。
① $\dfrac{3}{2}$ ② $\dfrac{9}{4}$ ③ $\dfrac{11}{7}$ ④ $\dfrac{70}{11}$ ⑤ $\dfrac{111}{13}$

問題2 次の帯分数を仮分数にせよ。
① $1\dfrac{3}{2}$ ② $2\dfrac{4}{9}$ ③ $1\dfrac{4}{7}$ ④ $3\dfrac{2}{11}$

解いてみよう!!

解答・解説

問題1[解答]

① $1\dfrac{1}{2}$ ② $2\dfrac{1}{4}$ ③ $1\dfrac{4}{7}$ ※Note②参照
④ $6\dfrac{4}{11}$ ⑤ $8\dfrac{7}{13}$

問題2[解答]

① $\dfrac{5}{2}$ ② $\dfrac{22}{9}$ ③ $\dfrac{11}{7}$ ④ $\dfrac{35}{11}$

小数点以下の四捨五入

10を3で割ると3.33333……と、3が永遠に続くわけですが、これを小数点第1位や第2位までに丸めて約3.3や約3.33にするのは決してめずらしくありません。このときに何気なく行っている作業（＝計算）が四捨五入です。英語では四捨五入のことをラウンドオフ（round off）といいます。文字どおり「丸める」という意味が込められています。

> **四捨五入**
> 求める小数点位の次の端数が4以下なら切り捨て、5以上なら切り上げて1として求める位に加える方法。

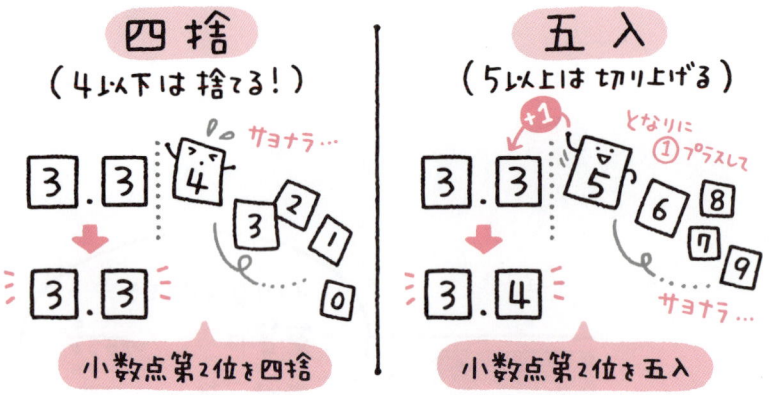

例題 4

① 2.495を小数点第1位まで求めよ。
② 3.123を小数点第2位まで求めよ。
③ $\frac{10}{7}$を小数点第3位までにラウンドオフするといくらか。

解いてみよう!!

解答・解説

① ［解答］2.5
　［解説］2.495 ≒ 2.5（小数点第2位を四捨五入します）

② ［解答］3.12
　［解説］3.123 ≒ 3.12（小数点第3位を四捨五入します）

③ ［解答］1.429
　［解説］$\frac{10}{7}$ = 1.42857…… ≒ 1.429（小数点第4位を四捨五入します）

百分率（パーセント、％）

百分率は100に対する割合（分画）で、分数や小数とは密接な関係にあります。
例えば、5%は100分の5、つまり$\frac{5}{100}$。
百分率は1以下の場合もあります。例えば0.5%は100分の0.5、つまり$\frac{5}{1000}$です。

いままで100だったものが20増えたときは20％増ですが、全体が120になったという意味で「120％になった」という表現も可能です。

解いてみよう!!

例題 5
次の数字を百分率に換算せよ（答えは小数点第1位まで求めよ）。
① $\frac{5}{70}$
② $\frac{33}{210}$
③ $\frac{967}{2400}$

解答・解説

① [解答] 7.1%
 [解説] $\frac{5}{70} = 0.0714$ ∴ 7.1%

② [解答] 15.7%
 [解説] $\frac{33}{210} = 0.1571$ ∴ 15.7%

③ [解答] 40.3%
 [解説] $\frac{967}{2400} = 0.4029$ ∴ 40.3%

簡約

簡約とは、数字をできるだけ簡単にすることです。分数の場合は約分と呼びます。看護計算では分数を約分しなければならない場合がしばしばですが、約分するには約数や公約数の知識が必要です。

約数とは、それによってある数をわり切ることができる数（例：12の約数は1、2、3、4、6、12）のことです。公約数とは、異なる整数に共通な約数（例：1、2、4は12と20の公約数）のことです。

分子と分母が小数の分数を約分するには、分子と分母をそれぞれ10倍か100倍してください。10倍するか100倍するかは小数点の位置次第です。小数点第1位までの小数なら10倍、小数点第2位までの小数なら100倍するのが原則です。

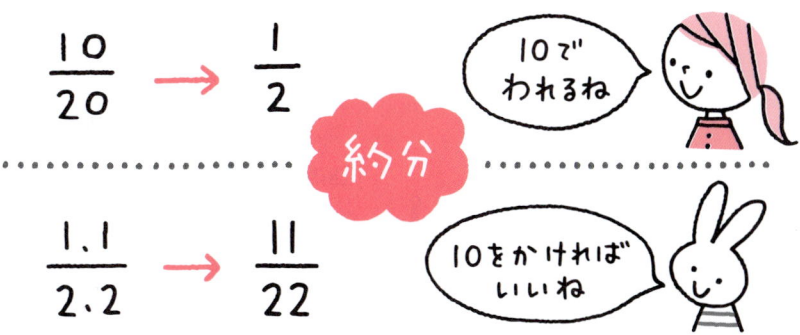

例題6 $\frac{24}{40}$ をまず約分し、最後に百分率で表せ。

解答・解説

[解答] 60%

[解説]
$\frac{24}{40} = \frac{3}{5}$ ∴分子と分母を公約数8で割ります。
$= 0.6$
$= \frac{60}{100}$
$= 60$ (%)

分数の加減乗除（四則演算）

　分数のかけ算では**分子同士をかけたものを新しい分子、分母同士をかけたものを新しい分母**にします。わり算では除数（わるほうの数のこと）の逆数（分子と分母を逆転させたもの）をかけ算するので比較的簡単。分数の足し算と引き算は「分母をそろえる」必要があり、最近の学生さんは意外に苦手です（**Note**③参照）。

　例題7を解きながら、分数の計算をおさらいしてみましょう。

例題7 次の計算問題を解け。
① $\frac{4}{7} \times \frac{1}{6}$
② $\frac{4}{7} \div \frac{1}{6}$
③ $\frac{4}{7} + \frac{1}{6}$
④ $\frac{4}{7} - \frac{1}{6}$

解答・解説

① [解答] $\frac{2}{21}$

[解説] $\frac{4}{7} \times \frac{1}{6} = \frac{(4 \times 1)}{(7 \times 6)} = \frac{4}{42} = \frac{2}{21}$

② [解答] $\frac{24}{7}$

[解説] $\frac{4}{7} \div \frac{1}{6} = \frac{4}{7} \times \frac{6}{1} = \frac{(4 \times 6)}{(7 \times 1)} = \frac{24}{7}$

③ [解答] $\frac{31}{42}$

[解説] $\frac{4}{7} + \frac{1}{6} = \frac{24}{42} + \frac{7}{42} = \frac{(24+7)}{42} = \frac{31}{42}$
※分母を最小公倍数の42にそろえよう。

④ [解答] $\frac{17}{42}$

[解説] $\frac{4}{7} - \frac{1}{6} = \frac{24}{42} - \frac{7}{42} = \frac{(24-7)}{42} = \frac{17}{42}$
※分母を最小公倍数の42にそろえよう。

Note 3

最近、分数計算ができない大学生が増えています。代表的な誤りは、$\frac{1}{2} + \frac{1}{3} = \frac{2}{5}$。調べてみるとこの誤りにはりっぱな「理由」があることがわかりました。以下はその思考パターンです。

（1）$\frac{1}{2}$を2個のリンゴのうちの1つ、$\frac{1}{3}$を3個のリンゴのうちの1つ、と考えてしまう。

（2）合計5個のリンゴがあり、そのうちの2つ、と考えてしまう。

だから、$\frac{2}{5}$。

思考の誤りはお互いのリンゴの個数をそろえなかったこと、つまり思考パターン（1）が間違っているのです。正解は、お互いのリンゴの個数を6個にそろえることです。つまり$\frac{1}{2}$を6個のリンゴのうちの3つ、$\frac{1}{3}$を6個のリンゴのうちの2つ、と考えるべきなのです。したがって、合計6個のリンゴのうちの5個、$\frac{5}{6}$が正解。

お互いのリンゴの個数を6個にそろえることが「通分」です。これには公倍数という知識が必要です。つまり2と3に共通する倍数で、6、12、18など多数。最小値の6が最小公倍数です。分数から分数を引き算する場合にも「通分」が絶対に必要です。

数学 2　看護の基本となる計算

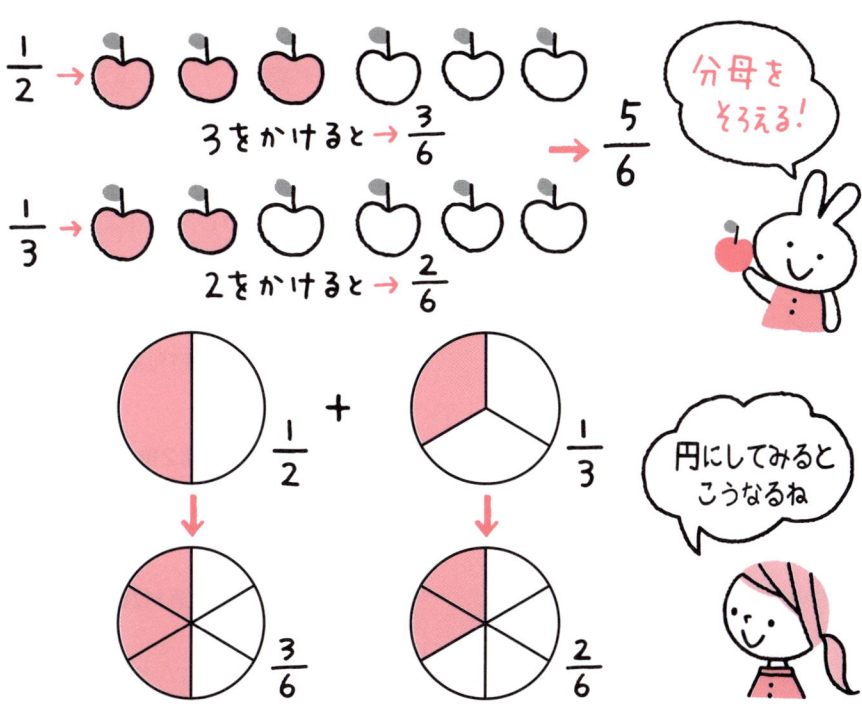

累乗の入った乗除（四則演算）

　累乗同士の乗法では、それぞれの指数を足すと積の指数が得られます。反対に、累乗同士の除法では、わられる数（分子）の指数からわる数（分母）の指数を引きます。

$$10^2 \times 10^3 \rightarrow 10^{2+3} = 10^5$$

$$10^4 \div 10^2 \rightarrow 10^{4-2} = 10^2$$

$$\left(\frac{10^4 \leftarrow わられる数}{10^2 \leftarrow わる数} \right)$$

覚えちゃえばカンタン！

解いてみよう!!

例題 8　次の計算問題を解け。
① $10^5 \times 10^2$
② $\dfrac{10^5}{10^2}$
③ $\dfrac{10^5}{10^{-2}}$

解答・解説

①[解答] 10^7
　[解説] $10^5 \times 10^2 = 10^7$（∵ $5+2=7$）

②[解答] 10^3
　[解説] $\dfrac{10^5}{10^2} = 10^3$（∵ $5-2=3$）

③[解答] 10^7
　[解説] $\dfrac{10^5}{10^{-2}} = 10^5 \times 10^2 = 10^7$（∵ $\dfrac{1}{10^{-2}} = 10^2$）

確認のためもう一度トライ！　演習問題 1

問題1　次の計算式を解いて答えを分数で表せ。
① $\dfrac{5}{6} + \dfrac{2}{3}$　　④ $-\dfrac{2}{3} - \dfrac{3}{4}$
② $\dfrac{5}{6} - \dfrac{2}{3}$　　⑤ $\dfrac{3}{4} \times \dfrac{2}{5}$
③ $-\dfrac{2}{3} + \dfrac{3}{4}$

問題2　$\dfrac{1}{6} \times (-18) \times \left(-\dfrac{3}{5}\right)$
を計算して答えを小数で表せ。

問題3　次の計算式を解いて答えを整数で表せ。
① $5^3 + 5^2$　　③ $5^3 \times 5^2$
② $5^3 - 5^2$　　④ $\dfrac{5^3}{5^2}$

問題4　次の数字を累乗の形にせよ。
① 0.0001
② 0.0003

問題5　$\dfrac{4}{7}$ を小数点第1位まで求めよ。

問題6　$\dfrac{5}{6}$ を小数点第2位までラウンドオフするといくらか。

問題7　$\dfrac{13}{60}$ を小数点第1位までの百分率にせよ。

正解は P.51 をチェック！

等式と方程式

等号「＝」を使って数量の間の関係を表した式を**等式**、文字式のなかの文字に特別な値を代入すると成立する等式を**方程式**、方程式を成立させる文字の値を**方程式の解**といいます。等式には4つの性質があります。

> $A = B$のとき、
> (1) $A + C = B + C$ （両辺に同じ数を足しても等式は成り立つ）
> (2) $A - C = B - C$ （両辺から同じ数を引いても等式は成り立つ）
> (3) $A \times C = B \times C$ （両辺に同じ数をかけても等式は成り立つ）
> (4) $\dfrac{A}{C} = \dfrac{B}{C}$ （両辺を同じ数でわっても等式は成り立つ、ただし$C \neq 0$）

例題 9 解いてみよう!!

① Y個の錠剤を1人に5錠ずつX人に分配したら4錠余ったという状況を等式で表せ。
② $X + 7 = 4$を満たすXの値を計算せよ。
③ $5X = 9X + 24$の解を求めよ。
④ $0.01X = 0.26X + 1$の方程式を解け。
⑤ $\dfrac{2X}{3} = X - \dfrac{1}{6}$ の方程式を解け。

解答・解説

①[解答] $Y = 5X + 4$

[解説] 錠剤の総数（Y）は分配した錠剤数（$5X$）に余った錠剤数を加えた和に等しい。∴ $Y = 5X + 4$

②[解答] -3

[解説] 両辺に-7を加えても等式は成立する……両辺から7を引くのと同じ意味。

∴ $X + 7 + (-7) = 4 + (-7)$
$X = -3$

③[解答] -6

[解説] 両辺から$9X$を引いても等式は成立する……右辺の$9X$を左辺に移項することと同じ意味。

∴ $5X - 9X = 9X + 24 - 9X$
$-4X = 24$
$X = -6$

④[解答] -4.0

[解説] 両辺に100をかけても等式は成立する。

∴ $0.01X \times 100 = (0.26X + 1) \times 100$
$X = 26X + 100$
$-25X = 100$ （∵両辺から$26X$を引く）
$X = -\left(\dfrac{100}{25}\right) = -\left(\dfrac{20}{5}\right) = -4.0$

⑤[解答] 0.5 または $\dfrac{1}{2}$

[解説] 両辺に6をかけても等式は成立する。

∴ $\dfrac{2X}{3} \times 6 = \left(X - \dfrac{1}{6}\right) \times 6$
$4X = 6X - 1$
$-2X = -1$ （∵両辺から$6X$を引く）
$X = \dfrac{1}{2} = 0.5$

比例と反比例

比例

表1のように一方の量Xが変わると、それに伴って他方の量Yも変わるような2つの量は比例関係にあります。比例式で表すと、

$$Y = aX \quad (a は比例定数)$$

■表1

X	0	1	2	3	4	5
Y	0	4	8	12	16	20

比例式にXとYの値（例：$X=5$、$Y=20$）を代入すれば比例定数を求めることができます。

$$\therefore 20 = 5a$$
$$a = \frac{20}{5} = 4$$

この比例関係をグラフに描いてみましょう。

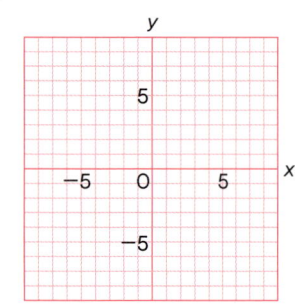 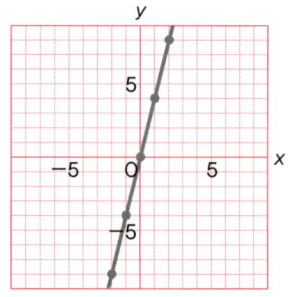
［解答］

※比例のグラフは原点（0）を通るグラフです。aが0より大きいときは右上がり、aが0より小さいときは右下がりのグラフになります。

反比例

表2のようなXとYの関係は反比例関係にあります。式で表すと、

$$XY = a \quad または \quad Y = \frac{a}{X} \quad (a は比例定数)$$

■表2

X	1	2	3	4	5	6
Y	12	6	4	3	2.4	2

反比例式にXとYの値（例：$X=6$、$Y=2$）を代入すれば比例定数を求めることができます。

$$\therefore 2 = \frac{a}{6}$$
$$a = 2 \times 6 = 12$$

この反比例関係をグラフに描いてみましょう。

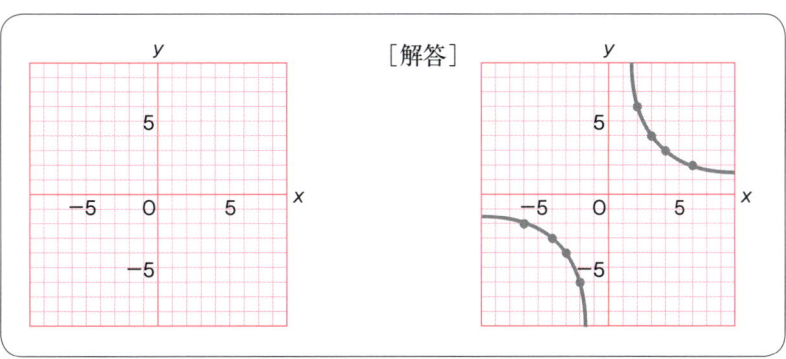

※反比例のグラフは原点（0）を対称とした双曲線になります。aが0より大きいときは右上と左下に、aが0より小さいときは右下と左上に双曲線が現れるグラフになります。

確認のためもう一度トライ！　演習問題 2

問題1 次の方程式を解いて、Xの値を求めよ。

① $7X - 2 = 2(5X - 4)$

② $\dfrac{X}{5} - 3 = \dfrac{X}{2}$

③ $\dfrac{(X+2)}{3} = \dfrac{(X-1)}{2}$

問題2 次の方程式をグラフで表せ。

① $Y = 2X$　　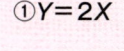

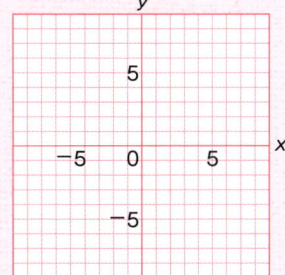

② $Y = -0.5X$　　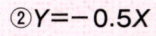

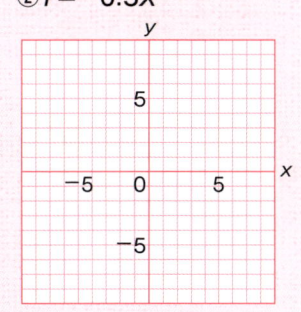

③ $XY = 5$

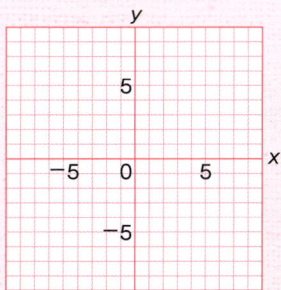

④ $Y = 0.5X + 1$

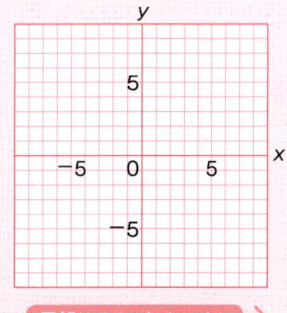

正解はP.51をチェック！

第3章 看護によく出る単位と計算

看護によく出てくる長さや体積、
温度や圧力などの単位と、
単位のつく数字の計算について解説していきます。

国際基本単位

　1960年に開催された国際度量衡総会で、長さや重さなどを比較する場合の基準として7つの基本単位（国際基本単位、英訳はInternational System of Unitsで、その略称はSI）が採択されました（表1）。その他の度量衡は基本単位を組み立てて表すため、国際組立単位と呼ばれます（表2）。

■表1　国際基本単位（SI）

量	単位の名称	単位記号
長さ	メートル	m
質量	キログラム	kg
時間	秒	s
電流	アンペア	A
温度	ケルビン	K
物質量	モル	mol
光度	カンデラ	cd

■表2　国際組立単位

量	単位の名称	単位記号	基本単位による表現
力	ニュートン	N	$m \cdot kg \cdot s^{-2}$
圧力	パスカル	Pa	$m^{-1} \cdot kg \cdot s^{-2}$
エネルギー、仕事、熱量	ジュール	J	$m^2 \cdot kg \cdot s^{-2}$
仕事率	ワット	W	$m^2 \cdot kg \cdot s^{-3}$
電荷、電気量	クーロン	C	$s \cdot A$
電位差、電圧	ボルト	V	$m^2 \cdot kg \cdot s^{-3} \cdot A^{-1}$
静電容量	ファラド	F	$m^{-2} \cdot kg^{-1} \cdot s^4 \cdot A^2$
電気抵抗	オーム	Ω	$m^2 \cdot kg \cdot s^{-3} \cdot A^{-2}$
コンダクタンス	ジーメンス	S	$m^{-2} \cdot kg^{-1} \cdot s^3 \cdot A^2$
磁束	ウェーバ	Wb	$m^2 \cdot kg \cdot s^{-2} \cdot A^{-1}$
磁束密度	テスラ	T	$kg \cdot s^{-2} \cdot A^{-1}$
インダクタンス	ヘンリー	H	$m^2 \cdot kg \cdot s^{-2} \cdot A^{-2}$
セルシウス温度	セルシウス度	℃	K
周波数	ヘルツ	Hz	s^{-1}

※ここに紹介した以外にもたくさんの組立単位があります。

リットル（L）、トン（t）、分（min）、時（h）などは国際単位としては採択されていませんが、国際単位に準じて使われています。次元（dimention）は単位（unit）とほぼ同意義で使われます。したがって、単位のない数量、つまり無名数は無次元数とも呼びます。

大きな数と小さな数

長さの国際基本単位はm（メートル）ですが、日常生活ではkm（キロメートル）やmm（ミリメートル）などを使う場面がしばしばあります。

メートルの前につけるキロやミリなどを接頭語といいます。表3のように、キロよりも大きな数にはアルファベットの大文字、小さな数には小文字を当てる約束です。

表3を見て気づくのは、接頭語は1000倍（＝10の3乗倍）ごと、あるいは1000分の1（＝10の－3乗倍）ごとに変わります。

おもな例外はセンチ（100分の1、10の－2乗）とデシ（10分の1、10の－1乗）。ヘクタール（面積）やヘクトパスカル（気圧）に使われるヘクト（100倍）も例外の1つです。

■表3 大きな数と小さな数の接頭語

乗数	接頭語	記号	乗数	接頭語	記号	乗数	接頭語	記号
10^{24}	ヨタ	Y	10^{3}	キロ	k	10^{-9}	ナノ	n
10^{21}	ゼタ	Z	10^{2}	ヘクト	h	10^{-12}	ピコ	p
10^{18}	エクサ	E	10^{1}	デカ	da	10^{-15}	フェムト	f
10^{15}	ペタ	P	10^{-1}	デシ	d	10^{-18}	アト	a
10^{12}	テラ	T	10^{-2}	センチ	c	10^{-21}	ゼプト	z
10^{9}	ギガ	G	10^{-3}	ミリ	m	10^{-24}	ヨクト	y
10^{6}	メガ	M	10^{-6}	マイクロ	μ			

長さ、面積、体積(容積)

長さ：基本単位はメートル(m)

　長さの国際基本単位はメートル(m)ですが、通勤・通学距離を測る場合にはメートル(m)やキロメートル(km)、鉛筆の太さや長さを測る場合にはミリメートル(mm)やセンチメートル(cm)を使いますね。

　では、注射針の太さはどうでしょう。今ではミクロン(=マイクロメートル、μm)を使ったほうが便利なほど細い注射針が製造されています。今流行のナノテクノロジーのナノはナノメートル(nm)という意味です。

面積：基本単位は平方メートル(m^2)

　長さの次は面積ですが、この場合は平方メートル(m^2)——基本単位のメートル(m)の2乗を使います。これはさきほど紹介した組立単位です。

　1つの辺が20m、もう1つの辺が5mの長方形を想像してください。この長方形の面積は$20m × 5m = 100m^2$です。

　では、面積と1つの辺の長さがわかっている長方形のもう1つの辺の長さを計算してください。計算を簡単にするために、面積を$100m^2$、1つの辺の長さを20mとします。求める長さをAメートル(m)とすると、次の等式が成立します。

$$20m × Am = 100m^2$$
$$\therefore A = \frac{100}{20} = 5 \text{ (単位は } \frac{m^2}{m} = m)$$

　このように、組み立てられた単位は基本単位に分解することができるのです。

ヘクタール(ha)

　さて、農場や牧場の広さを測るときに使うヘクタール(ha)と平方メートル(m^2)の関係を復習しておきましょう。

　1haは1つの辺が100mの正方形の面積を意味します。

　したがって、

$$1ha = 100m × 100m = 10000m^2 = 10^4 m^2$$

　ちなみに、1つの辺が10mの正方形の面積($100m^2$)が1アール(a)です。

体積(容積)：基本単位は立方メートル(m^3)

　体積(容積)の単位は立方メートル(m^3)です。やはり組立単位なので、面積の場合と同様、基本単位に分解できます。

実用的にはリットル（L）、デシリットル（dL）、ミリリットル（mL）、あるいはマイクロリットル（μL）のほうがポピュラーでしょう。ちなみに、1Lとは辺の長さが0.1mの立方体の体積（容積）に等しいため、1L＝（0.1m）^{3}＝0.001m^3＝10^{-3}m^3、という等式が成立します。同様に、1mLとは辺の長さが1cmの立方体の体積（容積）に等しいため、1mL＝1cm^3。そして、cm^{3}は英語ではcc（cubic centimeterの略）と表記するため、1mL＝1ccというおなじみの関係が成立するわけです。

例題10

問題1
次の計算式を基本単位を用いた累乗の形にせよ。

① 1mm×1mm

② 1mm×1mm×1mm

問題2
1mm^{3}は1μm^{3}の何倍か答えよ。

解答・解説

問題1

①[解答] 10^{-6}m^2

[解説] 1mm＝10^{-3}m

∴ 1mm×1mm＝10^{-3}m×10^{-3}m＝10^{-6}m^2……1μm^2

②[解答] 10^{-9}m^3

[解説] 1mm＝10^{-3}m

∴ 1mm×1mm×1mm＝10^{-3}m×10^{-3}m×10^{-3}m＝10^{-9}m^3……1nm^3

問題2

[解答] 10^9倍

[解説] 1μm＝10^{-6}m

∴ 1μm×1μm×1μm＝10^{-6}m×10^{-6}m×10^{-6}m＝10^{-18}m^3

∴ $\dfrac{1mm^3}{1μm^3} = \dfrac{10^{-9}m^3}{10^{-18}m^3} = \dfrac{10^{-9}}{10^{-18}} = 10^{-9+18} = 10^9$……無名数

※つまり長さが1000倍（＝10^3倍）になると、体積（容積）が10^9になることがわかります。

球の体積（容積）

　中学生時代にいろいろな図形の面積や体積を学んだと思いますが、ここでは球の体積（容積）について復習します。必要な基礎知識は円周率（π、パイ）。小数点第2位までの3.14を覚えていれば実用的でしょう。

$$\text{半径 } r \text{ の球の体積（容積）} = \frac{4}{3} \times \pi r^3$$

例題11　半径（r）20μmの球の体積を計算せよ。円周率（π）は3.14とする。単位はm³を用いて答えよ。

解いてみよう!!

解答・解説

[解答] $33520 \times 10^{-18} \text{m}^3$

[解説]

$$\begin{aligned}
\text{半径 } r \text{ の球の体積} &= \frac{4}{3} \times \pi r^3 \\
&= \frac{4}{3} \times 3.14 \times (20\mu m)^3 \\
&\fallingdotseq 4.19 \times (20\mu m)^3 \\
&= 4.19 \times (20 \times 10^{-6} m)^3 \\
&= 4.19 \times 8000 \times 10^{-18} m^3 \\
&= 33520 \times 10^{-18} m^3
\end{aligned}$$

速度、加速度、力

速度：基本単位はメートル/秒（m/s）

　速度は単位時間（1秒間）に移動した距離（メートル）なので、その国際組立単位はメートル/秒（m/s）です。

加速度：基本単位は速度/秒（m/s²）

　加速度は単位時間（1秒間）に変化した速度、つまり速度/秒を意味するので、その国際組立単位はm/s^2と表します。

力：基本単位はニュートン（N）

　力の国際単位はニュートン（N）ですが、力は質量と加速度の積（質量×加速度）で表されるので、N＝kg・m/s²という関係が成立します。重力加速度は$9.8 m/s^2$なので、質量1kgの物質にはたらく力は9.8kg・m/s² ＝ 9.8Nということになります。この9.8Nを、私たちは「重さ1キログラム」と呼んでいるわけです。表記方法は1kg重（読み方は1キログラムじゅう）。

圧力

圧力の国際基本単位は**パスカル（Pa）**です。耳慣れない単位ですが、天気予報ではすでに**hPa（ヘクトパスカル）**として使用されています。

ところで、圧力というのは**単位面積に加わる力**という意味なので、その国際組立単位はN/m^2のはずですが、じつはこれがパスカル（Pa）なのです。つまり1平方メートル（m^2）当たり1ニュートン（N）の力が加わるときの圧力が1パスカル（Pa）、$1Pa = Nm^2$というわけです。

日本の医療現場では、まだまだ**水銀柱ミリメートル（mmHg）**や**トル（Torr）**がポピュラーですが、徐々にパスカルが主流になるでしょう。その代表例が**酸素ボンベ**です。平成9（1997）年から高圧ガス保安法が施行され、医療用酸素ガスの圧力は**メガパスカル（MPa）**に統一されました。**図1**は医療用酸素ボンベに取り付ける圧力計のスケッチですが、確かにMPaと明記されています。

> パスカルと気圧との関係：$1MPa = 10kg/cm^2 \fallingdotseq 10$気圧
>
> 水銀柱ミリメートル（mmHg）とパスカルとの関係：
>
> 1気圧＝760mmHg＝1013 hPa

Note 4

Torr の由来

エヴァンジェリスタ・トリチェリ（Evangelista Torricelli）は1643年、ガラス管に満たした水銀が大気圧という圧力で760mmの高さまで持ち上げられることを示しました。圧力の単位トル（Torr）は彼の業績を記念するもの。換算率は100%、つまり1Torr＝1mmHgです。

図1　医療用酸素ボンベに取り付ける圧力計

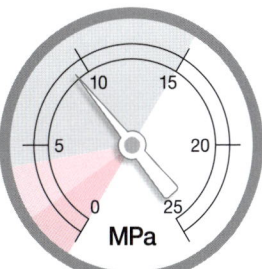

0
5
10
15
20
25
MPa
PRESSURE GAUGE

例題 12

ある人の血圧を測ると最高血圧が120mmHg、最低血圧が80mmHgだった。それぞれ何気圧に相当するか答えよ。答えは小数点第3位まで求めよ。

解いてみよう!!

解答・解説

[解答] 最高血圧：0.158気圧　最低血圧：0.105気圧

[解説] 760mmHg＝1気圧。

$\therefore$最高血圧は $\frac{120}{760} \fallingdotseq 0.158$気圧

最低血圧は $\frac{80}{760} \fallingdotseq 0.105$気圧

数学3　看護によく出る単位と計算

確認のためもう一度トライ！ 演習問題 3

問題1 次の量をmLに変換せよ。

① 0.8L
② 0.02L
③ 20dL
④ 100μL
⑤ 900nL
⑥ 13000fL

問題2 次の量をLに変換せよ。

① 20dL
② 5000mL
③ 1300cc
④ 80000μL

問題3 次の量をMPaに変換せよ。

① 10kg/cm²
② 150kg/cm²
③ 150気圧
④ 240mmHg
⑤ 1000hPa

問題4 《応用問題》

ヘマトクリット値とは「血液中に占める赤血球の容積パーセント」です。正常値は成人男子で39〜50%、成人女子で36〜45%。測定方法を簡単に説明します。ガラス管に抗凝固剤を混ぜた血液を入れ一端を封じて遠心分離すると、血液は血漿柱と血球柱（ほとんどが赤血球）に分かれます（図2）。このとき、血液柱全長に対する血球柱の長さを読み取ってパーセントで表します。このヘマトクリット値を利用して、赤血球1個の体積を計算してください。血液1立方ミリメートル（1mm³）中にある赤血球の数を400万個、このときのヘマトクリット値を40%と仮定します。

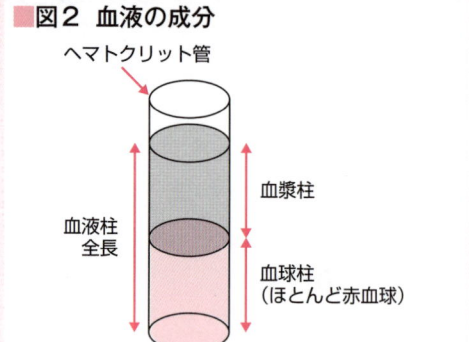

■図2 血液の成分

正解はP.52をチェック！

温度

温度の国際基本単位は**ケルビン（K）**です。私たちが日常生活で使う**摂氏温度**（℃）との間には次のような等式が成り立ちます。

$$摂氏温度（℃） = ケルビン温度（K） - 273.15$$

したがって、−273.15℃のときにケルビン温度が0になります。これを**絶対0度**といいます。−273.15℃とは、**いかなる処置を加えてもこれ以下に下がることはないと理論的に予測される値**です。

摂氏温度
セルシウス度とも呼ばれる。スウェーデンの天文学者、アンデルス・セルシウスが考案したことに由来する。

華氏温度

ファーレンハイト度とも呼ばれる。ドイツの物理学者、ガブリエル・ファーレンハイトが提唱したことに由来する。摂氏が水の凝固点を0℃、沸点を100℃とするのに対して、華氏は凝固点を35℉、沸点を212℉とする。

アメリカ合衆国では華氏温度が使われていますが、摂氏温度との間の関係は次の式で表されます。

$$華氏温度 = \frac{9}{5} \times 摂氏温度 + 32$$

$$摂氏温度 = \frac{5}{9} \times (華氏温度 - 32)$$

筆者は早見表的に、華氏温度から30を引いた値の半分を摂氏温度(摂氏温度に30を足した値の倍を華氏温度)としていますが、実用面ではほとんど問題ありません。

物質量

物質量の国際基本単位はモル(mol)です。一般的に、物質を構成する粒子(原子、分子、イオンなど)の数をアボガドロ数($= 6.02 \times 10^{23}$、Note⑤参照)で割った数値をモル数と呼びます。いいかえれば、アボガドロ数個分の粒子群を1モル(mol、またはM)の物質として取り扱うということです。

ここでモル質量(molecular weight、略語はMW)という考え方が登場します。モル質量は物質1モル当たりの質量で単位はg/mol。例えば分子量58.44の物質の場合、分子量にg/molをつけた58.44g/molがモル質量です。

アボガドロ数

アボガドロ(A.Avogadro、1776～1856)はイタリアの物理化学者。亡くなって約150年経ちますが、彼の業績はアボガドロ数($= 6.02 \times 10^{23}$)として生き続けています。この数字はとてつもなく大きな数です。10^{12}が1兆です。したがって、10^{23}は1兆の1000億倍。要するに、それだけたくさんの粒子を集めるとようやくグラム単位で重さが量れるというわけです。

数学3 看護によく出る単位と計算

溶液の濃度

溶液中の物質濃度を表すときは、単位容量（例：1L）当たりのその物質のモル数を使います。

塩化ナトリウムを使って説明します。塩化ナトリウムの分子量は58.44なので、塩化ナトリウムを1モル（＝58.44g）計量して純水に溶かし、それを最終的に1Lに調整すれば、それが塩化ナトリウムの1モル液です。

ところが、看護の世界にはさまざまな「濃度」があります。

> **非常にわかりやすい例**
> - ヘモグロビン濃度が15g/dL……血液100mL（＝1dL）中にヘモグロビンが15g
> - 血清アルブミン濃度が4.5g/dL……血清100mL（＝1dL）中にアルブミンが4.5g
> - 5％ヒビテン®液……液体100mL中にヒビテン®が5g（注：ヒビテン®とは消毒液のことです）
>
> **実感しにくい例**
> - 血清Na濃度が145mEq/L……血清1L中のNa量が145mEq（注：単位の読み方はミリ当量）

この項ではブドウ糖液を例に濃度の計算について復習します。ブドウ糖液は看護師が使用する最もポピュラーな医薬品の1つです。

まず用語を整理しましょう。ブドウ糖液をつくるときはブドウ糖を水のなかに入れて攪拌（かくはん）するわけですが、水を溶媒（ようばい）、ブドウ糖を溶質、ブドウ糖液を溶液（溶媒が水の場合は水溶液）と呼びます。

濃度とは溶液中の溶質の量を表現する指標で、大きく分けて2種類の表現方法があります。

最初の方法はさきほど紹介したモル濃度（mol/L）。一般式は、

$$\text{モル濃度（mol/L）} = \frac{\text{溶質の物質量（mol）}}{\text{溶液の体積（L）}}$$

2番目がA％ブドウ糖液という表示方法。この場合のAの値は水100mL中のブドウ糖の重さを意味します。

---

mEq（ミリ当量）

血清電解質を測定するときに用いられる単位で、メックと発音しても通用するが、正しくはミリエクイバレントという。電解質の当量、モル質量、イオン価の間には「当量＝モル質量÷イオン価」の関係が成り立つ。したがって、イオン価が1の電解質（例えばNa）では1当量＝1モルだが、イオン価が2の電解質（例えばCa）では1当量＝0.5モルとなる。

例えば次のとおり。

> 5％ブドウ糖液＝水100mL中にブドウ糖5g
> 10％ブドウ糖液＝水100mL中にブドウ糖10g
> 50％ブドウ糖液＝水100mL中にブドウ糖50g

重要なポイントが2つあります。50％ブドウ糖液を例にして最初のポイントを説明します。

もし水100mLを計量して、そのなかにブドウ糖50gを溶かすと、全体量は132mLになってしまいます（理屈ではなく、実験結果としてこうなります）。つまり濃度は50％ではなく37.9％。したがって、50％ブドウ糖液とはブドウ糖50gを溶かした液にさらに水を加えて「100mLに調整する」という意味です。

2つ目のポイントはw/v％という専門用語。日本薬局方には5％ブドウ糖液とはブドウ糖5.0w/v％含有したブドウ糖液だと記載されています。つまり、wは重量（weight）、vは容量（volume）を意味します。例えば、さきほど紹介した5％ヒビテン®液の5％は正式には5w/v％です。

ところで、w/v％があるということは、w/w％もv/v％もあるということ。例えば、0.9％カデックス®軟膏（褥瘡治療用軟膏）は軟膏1g中に9mgのヨウ素を含んでいます。正式に表示すると0.9w/w％です。70％アルコール（消毒用アルコール）の70％は正式には70v/v％です。

数学3　看護によく出る単位と計算

解いてみよう!!

例題13　ブドウ糖1gは16kJのエネルギーを供給する。10％ブドウ糖液1.5Lの点滴を受ける患者が受け取るエネルギーはいくらか。

［解答・解説］

［解答］2400kJ

［解説］まず、10％ブドウ糖液とは水100mL中にブドウ糖10g（＝10g/100mL）ということ。そして、1.5L＝1500mLなので、

∴ブドウ糖重量＝点滴量×濃度

$$= \frac{(1500\text{mL} \times 10\text{g})}{100\text{mL}}$$

$$= 15 \times 10\text{g}$$

$$= 150\text{g}$$

∴エネルギー量＝150g×16kJ/g＝2400kJ

第4章 実習・国試に必要な看護計算の方法

国試にもよく出る看護計算について解説します。
臨地実習でも必要な要素ですが、
ここまでの基本的知識をおさえていれば問題ありません。

看護計算

　2012年に厚生労働省より、看護師国家試験、保健師国家試験、助産師国家試験にて、計算問題は従来の選択肢から正答を選ぶタイプの問題だけでなく、直接数字を解答する出題形式を取り入れると発表がありました。その後、2013年に実施された第102回看護師国家試験では、直接数字を解答する計算問題が2問出題されました（酸素ボンベの残量、BMI）。

　つまり、自分できちんと計算が解けないと、点数が取れないということです。計算が苦手な人には頭の痛くなる話ですが、でも、だいじょうぶ。基本の式を覚えて繰り返し問題を解いていけば、計算できる力は身につきます。ここではとくに看護で必要とされる計算について、いっしょに解いていきましょう。

薬用量の計算

　薬は、注射、点滴注射、あるいは内服など数種類の方法で投与されます。看護学生が臨地実習で接する最初の薬は、錠剤、カプセル剤、水剤などの内服薬でしょう。

　内服薬の用量を計算するときは、1錠中、あるいは1カプセル中の力価と投与すべき力価が、グラム（g）、ミリグラム（mg）、あるいはマイクログラム（μg）の単位で一致しているかどうかを確かめましょう。力価とは、錠剤、カプセル剤、あるいは水剤に含まれている有効成分量（重量）のことです。英語ではstrengthといいます。マイクログラムはmcgと表記してもかまいません。最近では医師も看護師もmcgを使う傾向です。なぜならμgは、注意深く書かな

いとmgと間違ってしまうからです。

まず例題を示します。

解いてみよう!!

例題 14

① 降圧薬75mgを投与するためには50mg錠が何錠必要か。
② 強心薬0.25mgを経口投与する。1錠中の力価は125mcg。何錠を与薬するか。

（参考文献1から一部改変して引用）

解答・解説

① [解答] $1\frac{1}{2}$ 錠

[解説] まず、どんな等式が成り立つか考えましょう。

1錠の力価（力価/錠）×必要な錠数＝必要な力価

$$\therefore 必要な錠数＝\frac{必要な力価}{1錠の力価（力価/錠）} \text{――基本式}$$

$$＝\frac{75mg}{50mg/錠}$$

$$＝\frac{3}{2} 錠$$

$$＝1\frac{1}{2} 錠$$

② [解答] 2錠

[解説] 前の基本式がそのまま使えますが、その前に**力価の単位をそろえる必要があり**ます。

0.25mg＝250mcg（mcgはマイクログラムの略）

1錠の力価（力価/錠）×必要な錠数＝必要な力価

$$\therefore 必要な錠数＝\frac{必要な力価}{1錠の力価（力価/錠）}$$

$$＝\frac{250mcg}{125mcg/錠}$$

$$＝2錠$$

　注射薬の正しい計量は、医療事故を防ぐための最初のステップです。薬の量が多すぎると危険、少なすぎると効きません。

　計量結果の小数点位置は、使用する注射器の大きさによります。1mL以上の大きな注射器は、普通0.1mLか0.2mLごとに目盛りがつけられています。その場合は小数点第1位まで計算します。1mL以下の小さな注射器は、普通0.01mLごとに目盛りがつけられています。その場合は小数点第2位まで計算してください。

例題 15 必要な薬液量を計算せよ。

① 利尿薬60mgを静注する。2mLアンプル内の力価は80mg。

② 強心薬175mcgを注射する。4mLアンプル内の力価は1mg。

③ 250mg/5mLと表記された注射薬を200mg与薬する。

（①②：参考文献1から一部改変して引用　③：第96回午前問題27必修を改変）

解答・解説

① [解答] 1.5mL

[解説] まず、どんな等式が成り立つか考えましょう。

薬液の濃度（力価/アンプル容量）×必要な薬液量＝必要な力価

$$\therefore 必要な薬液量 = \frac{必要な力価}{薬液の濃度（力価/アンプル容量）}$$

$$= \frac{60mg}{\left(\frac{80mg}{2mL}\right)}$$

$$= \frac{60}{40} mL$$

$$= \frac{3}{2} mL \quad (約分：\frac{60}{40} = \frac{6}{4} = \frac{3}{2})$$

$$= 1.5mL$$

② [解答] 0.7mL

[解説] ①の式がそのまま使えますが、その前に力価の単位をそろえる必要があります。

1mg＝1000mcg

$$\therefore 必要な薬液量 = \frac{必要な力価}{薬液の濃度}$$

$$= \frac{175mcg}{\left(\frac{1000mcg}{4mL}\right)}$$

$$= \frac{175}{250} mL$$

$$= \frac{7}{10} mL \quad (約分：\frac{175}{250} = \frac{35}{50} = \frac{7}{10})$$

$$= 0.7mL$$

③ [解答] 4mL

[解説] 基本式に当てはめて計算してみましょう。

$$必要な薬液量 = \frac{200mg}{250mg \div 5mL}$$

$$= \frac{200mg}{50mg/mL}$$

$$= 4mL$$

Note 6

錠剤は割らずに投与すべし

錠剤はできるだけ割らずに投与すべきです。なぜなら、正確に割ることができない限り、分割した錠剤の量が不正確だからです。錠剤やカプセルをどうしても割らなければならないときは、製造元が発行する手引き書をチェックするか、その錠剤やカプセルが割っていいものかどうか、薬剤師といっしょにチェックしてください。割ってはいけない錠剤やカプセルもあるからです。

点滴速度と滴下速度の計算

点滴速度

この項では点滴速度と滴下速度の計算方法について説明します。滴下速度の計算のほうが少しややこしいのは確かですが、中学1年までの数学をマスターしていれば必ず計算できるようになります。

まず、点滴に必要な点滴セットについて簡単に説明します。点滴液は点滴バッグから滴下チェンバーが付いた点滴セットに流れます(**図1**)。点滴セットは単純に吊るされるか、輸液ポンプに装着されます。前者の場合、看護師は毎分の滴下数を測定し、ローラークレンメを操作して滴下数を調整しなくてはなりません。後者の場合、看護師は1時間当たりの点滴量を計算し、計算結果に従って点滴速度(＝輸液ポンプの速度)をセットします。

汎用滴下チェンバーは2つのタイプに分かれます。1つは1mLを20滴で落とすタイプ、もう1つは60滴で落とすタイプです。後者はマイクロドリップと呼ばれます。まず例題16 (P.34)を解きながら、計算がより簡単な点滴速度の計算をしてみましょう。点滴速度の単位はmL/hが最もポピュラーです。例題16もmL/hを用いてください。

■図1 滴下チェンバー

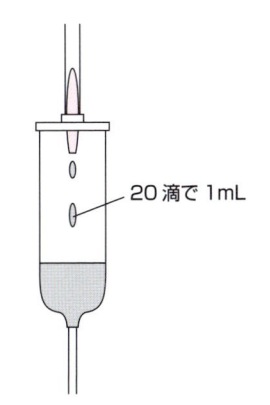

20滴で1mL

1mL点滴するのに20滴必要ってことね

数学 4　実習・国試に必要な看護計算の方法

例題16 輸液ポンプを用いて液0.5Lを点滴する。所要時間は6時間。点滴速度はいくらに設定するか。最も近い整数で答えよ。

(参考文献1から一部改変して引用)

解いてみよう!!

解答・解説

[解答] 83mL/h

[解説] 看護ケアにとって基本中の基本問題です。基礎知識は0.5L＝500mL。まず基本式を考え、それにすでに与えられている数値を代入します。

500kmをノンストップで6時間運転するドライブを想像してください。平均時速を何キロにすると到着できるでしょう。答えは $\frac{500km}{6時間}$ ＝ 83.3km/時間、つまり時速83.3キロです。

このとき、平均時速×所要時間＝走行距離、という等式が成立するので、求めたい平均速度は、

$$平均時速 = \frac{走行距離}{所要時間}$$

です。この考え方を応用すれば、

点滴速度(mL/h)×時間(h)＝点滴量(mL)

が成立します。

$$\therefore 点滴速度(mL/h) = \frac{点滴量(mL)}{時間(h)}$$
$$= \frac{500mL}{6h}$$
$$= \frac{250}{3} (mL/h)$$
$$= 83.33……(mL/h)$$

最も近い整数で答えるとは、小数点第1位を四捨五入するということ。つまり答えは83mL/h。

Note 7

注射の略語

静脈注射(静注)、筋肉注射(筋注)、皮下注射(皮下注)などは英語の略語で指示される場合が多いので覚えてしまいましょう。

種類	英語の略語	綴り
静脈注射(静注)	IV	intravenous
筋肉注射(筋注)	IM	intramuscular
皮下注射(皮下注)	SC	subcutaneous

滴下速度

次は滴下速度の計算です。単位は滴下数/分。滴下速度の計算方法がどうしても理解できない新人看護師がたくさんいますが、原因はどうやら「あせり」のようです。計算には2つのステップが必要です。

ステップ1は例題16と同じ点滴速度の計算。ステップ2は、求めた点滴速度から1分間の滴下数への換算です。このときに、滴下チェンバーが20滴/mLタイプなのか、60滴/mLタイプなのかが重要になります。医療現場で使用する滴下チェンバーの大部分は20滴/mLタイプなので、本項では60滴/mLタイプの滴下チェンバーの話は割愛しました。

まず例題です。

例題17 生理食塩水750mLを5時間かけて点滴する。滴下チェンバーは20滴/mLタイプ。適切な滴下速度(滴/分)はいくらか。 (参考文献1から一部改変して引用)

[解答] 50滴/分

[解説] ステップ1は点滴速度の計算です。

$$点滴速度(mL/h) \times 時間(h) = 点滴量(mL)$$

なので

$$点滴速度(mL/h) = \frac{点滴量(mL)}{時間(h)}$$

が成立します。

$$\therefore 点滴速度(mL/h) = \frac{750mL}{5h}$$
$$= \frac{750}{5} \ (mL/h)$$
$$= \frac{750}{5 \times 60} \ \cdots\cdots 単位をmL/hからmL/minに変更$$

ステップ2は、求めた点滴速度から1分間の滴下数への換算です。1分間に20滴で1mLなので、1分間に $\frac{750}{5 \times 60}$ 流すには何滴必要か、という比例計算です。

1分間に20滴:1mL = 1分間にD滴:$\frac{750}{5 \times 60}$ mL

$$\therefore D = \frac{750}{5 \times 60} \times 20$$
$$= \frac{750 \times 20}{5 \times 60} \ \cdots\cdots 分子と分母を20で割ることができる$$
$$= \frac{750}{5 \times 3}$$
$$= \frac{750}{15} \ \cdots\cdots さらに通分できる$$
$$= \frac{150}{3} \ \cdots\cdots さらに通分できる$$
$$= 50 \ \cdots\cdots 単位は滴/分$$

希釈に関する計算

P.3で紹介した希釈に関する問題をもう一度おさらいしてみましょう（希釈については化学のパートで詳しく解説します）。

解いてみよう!!

例題 18 5%グルコン酸クロルヘキシジンを用いて0.2%希釈液1,000mLをつくるのに必要な薬液量はいくらか。

（第95回午前問題46を一部改変）

解答・解説

[解答] 40mL

[解説] 正解するためには2段階の計算が必要です。

> ①5%グルコン酸クロルヘキシジンを何倍希釈するかという計算。これで希釈倍数を求めます
> ②薬液量の計算

まずは、希釈倍数を求めるための準備の計算をしましょう。

5%を2倍希釈すると2.5%、10倍希釈すると0.5%、25倍希釈すると0.2%、100倍希釈すると0.05%という具合に、ヒビテン®濃度が下がります。式にすると、5÷2＝2.5、5÷10＝0.5、5÷25＝0.2、5÷100＝0.05。これらを一般化すると、

$$\frac{原液濃度}{希釈倍数}＝希釈濃度（\therefore 希釈倍数＝\frac{原液濃度}{希釈濃度}）\cdots ①$$

になります。

つくりたい希釈濃度が1000mLなので、それを希釈倍数で割ると必要な薬液量が得られます。基本式は、

$$必要な薬液量＝\frac{作成液量}{希釈倍数} \cdots ②$$

①を②の式に代入すると、

$$必要な薬液量＝\frac{作成液量}{（原液濃度÷希釈濃度）} \cdots ③$$

というわけです。希釈濃度＝0.2%、原液濃度＝5%、作成液量＝1000mLを③の式に代入すると、必要な薬液量が求められます。

$$必要な薬液量＝\frac{1000}{(5÷0.2)}$$
$$＝\frac{1000}{25}$$
$$＝40（mL）$$

具体的には、5%液40mLを計量し、水960mLと混ぜれば完成です。

看護に必要なその他の計算

医療用酸素ガスに関する計算

国試によく出てくるのが医療用酸素ガスに関する計算です。酸素ボンベの使用可能時間の計算式を覚えておきましょう。

- 酸素ボンベの使用可能時間 = $\dfrac{\text{酸素残量(L)}}{\text{酸素流量(L/分)}}$ →基本式
- 酸素残量 = $\dfrac{\text{ボンベの容量(L)} \times \text{圧力計が表示する内圧(MPa)}}{\text{充填時内圧(MPa)}}$

では例題を解いてみましょう。

例題19

酸素吸入を2L/分でしている患者。移送時使用する500L酸素ボンベ（150kg/cm²充填）の内圧計が90を示している。使用可能時間を求めよ。ただし、小数点以下の数値が得られた場合には、小数点以下第1位を四捨五入すること。

（第94回午前問題59を一部改変）

解いてみよう!!

解答・解説

[解答] 150分

[解説] まずはボンベ内の酸素ガス残量を計算してください。満タンのときの圧力が150、現在が90なので、

$$\text{ボンベの容量} \times \frac{90}{150} = \frac{500 \times 90}{150}$$
$$= \frac{45000}{150}$$
$$= 300\,(L)$$

患者に毎分2Lの酸素を投与するので、酸素流量(L/分)＝2L/分。これらの値を基本式に代入すると、

$$\text{使用可能時間(分)} = \frac{300\,(L)}{2\,(L/分)}$$
$$= 150\,分$$

自分で書いてみよう！

BMI（体格指数）

　BMI（body mass index：体格指数）は栄養状態を示す指標で、身長と体重から算出します。成人における体格を示す指標の1つです。

　BMIの求め方は次のとおりです。

$$\mathrm{BMI} = \frac{体重(\mathrm{kg})}{身長(\mathrm{m})^2}$$

　BMI22は最も疾病の発病率の少ない基準のため、理想（標準）体重とされています。

　理想（標準）体重の求め方は次のとおりです。

$$理想（標準）体重 = 身長(\mathrm{m})^2 \times 22$$

では、例題を解いてみましょう。

BMIからみた肥満の判定

判定	BMI
低体重（やせ）	<18.5
普通	≧18.5〜<25
肥満1度	≧25〜<30
肥満2度	≧30〜<35
肥満3度	≧35〜<40
肥満4度	≧40

（日本肥満学会）

例題20

身長160cm、体重64kgである成人のBMIを求めよ。ただし、小数点以下の数値が得られた場合には、小数点以下第1位を四捨五入すること。

（第102回午後問題89）

解いてみよう!!

解答・解説

[解答] 25

[解説] BMIの計算式に身長160cm、体重64kgを代入します。身長はmで求めるため、1.6mとなります。

$$\mathrm{BMI} = \frac{64}{1.6 \times 1.6}$$
$$= \frac{64}{2.56}$$
$$= 25$$

小児の身体の発達指数

　国試でよく出るのが、小児の身体の発達指数です。おもに、次の3つがあります。

- 乳幼児（0〜5歳）の発育をみる→**カウプ指数**

　体重(g)÷[身長(cm)]^2×10

- 学童（6〜12歳）の発育をみる→**ローレル指数**

　体重(g)÷[身長(cm)]^3×10^4

- 肥満度をみる

　肥満度＝{(実測体重[kg]−標準体重[kg])÷標準体重[kg]}×100

では、例題を解いてみましょう。

解いてみよう!!

例題21

① 身長100cm、体重28kgの幼児。身体発育の評価はどれか。
1. 肥満
2. 肥満傾向
3. 標準
4. やせすぎ

（第97回午前問題122）

② 身長140cm、体重40kgの7歳男児のローレル指数を求めよ。ただし、小数点以下の数値が得られた場合には、小数点以下第1位を四捨五入すること。

③ 9歳の男児。体重36.0kg。標準体重を30.0kgとした場合の肥満度はいくらか。ただし、小数点以下の数値が得られた場合には、小数点以下第1位を四捨五入すること。

（第96回午前問題120を一部改変）

解答・解説

① [解答] 1

[解説] この問題は幼児の設定なので、カウプ指数を用います。計算式に代入する前に、体重の単位をkgからgに変えましょう。1kg＝1000gなので、28kgは28000gです。これを計算式に代入すると、

体重(g)÷[身長(cm)]²×10＝28000 (g)÷[100 (cm)]²×10

となります。分数に直すと、

$$\frac{28000}{100 \times 100} \times 10$$

となります。答えは28ですね。つまり、**P.40表1**に照らし合わせると「肥満」ということになり、正解は1になります。

② [解答] 145.8

[解説] 計算式は前述のとおり、体重(g)÷[身長(cm)]³×10⁴です。計算式に代入する前に、さきほどと同じように40kgを40000gに換算します。

40000 (g)÷[140 (cm)]³×10⁴

分数にすると、

$$\frac{40000}{140 \times 140 \times 140} \times 10 \times 10 \times 10 \times 10$$

式をまとめると、

$$\frac{400000}{2744} = 145.77259\cdots$$

となります。

③ [解答] 20%

[解説] 肥満度の計算式は次のとおりです。

肥満度＝{(実測体重[kg]－標準体重[kg])÷標準体重[kg]}×100

この式に当てはめると、

肥満度＝{(36.0-30.0)÷30.0}×100
　　　＝(6.0÷30.0)×100
　　　＝0.2×100
　　　＝20

肥満度は、幼児期では15%以上、学童期以降では20%で肥満とされます。

数学4　実習・国試に必要な看護計算の方法

■表1 カウプ指数の基準

体重(g)÷[身長(cm)]^2×10

10以下	消耗症
10〜13	栄養失調
13〜15	やせ
15〜19	標準
19〜22	優良、肥満傾向
22以上	肥満

■表2 ローレル指数の基準

体重(g)÷[身長(cm)]^3×10^4

100以下	やせすぎ
100〜120	やせ
120〜140	標準
140〜160	肥満傾向
160以上	肥満

■表3 アトウォーターの指数

1g当たりの3大栄養素(糖質、脂質、タンパク質)に含まれる栄養素の熱量を示す指標。アメリカの生理学者、アトウォーター(1844〜1907)が発見した。

糖質	4kcal
脂質	9kcal
タンパク質	4kcal

カロリー計算

第3章で濃度の計算については解説しましたが(さらに詳しくは「化学」のパートで解説しています)、国家試験の問題でおさらいしてみましょう。

解いてみよう!!

例題22

Aさんは、朝食と昼食は食べられず、夕食に梅干し1個でご飯を茶碗1/2食べた。日中に5%ブドウ糖500mLの点滴静脈注射を受けた。

Aさんのおおよその摂取エネルギーはどれか。

1. 140kcal　　2. 180kcal　　3. 250kcal　　4. 330kcal

(第97回午前問題71)

解答・解説

[解答] 2

[解説] ご飯1杯のカロリー数(約160キロカロリー)を知っていることに加えて、5%ブドウ糖のカロリー数を計算できるかが問われています。

まず、5%ブドウ糖液のカロリー数を計算するための基本式を考えます。

　　　ブドウ糖のカロリー数＝ブドウ糖の量×1gのブドウ糖が供給するカロリー数…①

5%ブドウ糖液の5%とは、正式には5w/v%でした。つまり、水100mL中にブドウ糖が5gです。ということは、水500mL中にブドウ糖25gです。1gのブドウ糖が供給するカロリー数は4kcalなので、これらを①の式に代入すると、

　　　ブドウ糖のカロリー数＝25g×4kcal/g＝100kcal

したがって、Aさんの摂取エネルギーは、約80kcal＋100kcal＋梅干し1個のカロリーとなり、2の180kcalが最もふさわしいと考えられます。

確認のためもう一度トライ！ 演習問題 4

問題1　「10％塩酸リドカイン液10mLをブドウ糖液と混合し500mLにして2mg/分で点滴静脈内注射」が処方された。
注入速度で正しいのはどれか。

1. 1.0mL/分
2. 2.0mL/分
3. 5.0mL/分
4. 10.0mL/分

（第94回午前問題61）

問題2　5％ブドウ糖液0.5Lを4時間かけて点滴する。滴下チェンバーは20滴/mLタイプ。適切な滴下速度（滴/分）はいくらか。最も近い整数で答えよ。

問題3　500mLの輸液を2時間で行う指示が出された。1mL約20滴の輸液セットを用いた場合の1分当たりの滴下数を求めよ。ただし、小数点以下の数値が得られた場合には、小数点以下第1位を四捨五入すること。

（第98回午後問題41を改変）

問題4　点滴静脈内注射360mLを3時間で行う。一般用輸液セット（20滴/mL）を使用した場合の滴下数を求めよ。ただし、小数点以下の数値が得られた場合には、小数点以下第1位を四捨五入すること。

（第100回午後問題45を改変）

問題5　点滴静脈内注射750mL/5時間の指示があった。20滴で約1mLの輸液セットを使用した場合の1分間の滴下数を求めよ。ただし、小数点以下の数値が得られた場合には、小数点以下第1位を四捨五入すること。

（第101回午後問題46を改変）

問題6　酸素を3L/分で吸入している患者。移送時に使用する500L酸素ボンベ（14.7MPa充填）の内圧計は4.4MPaを示している。使用可能時間（分）を求めよ。ただし、小数点以下の数値が得られた場合には、小数点以下第1位を四捨五入すること。

（第102回午後問題90）

問題7　身長160cm、体重85kgの人のBMI（体格指数）を求めよ。ただし、小数点以下の数値が得られた場合には、小数点以下第1位を四捨五入すること。

（第93回午前問題92を改変）

正解はP.53をチェック！

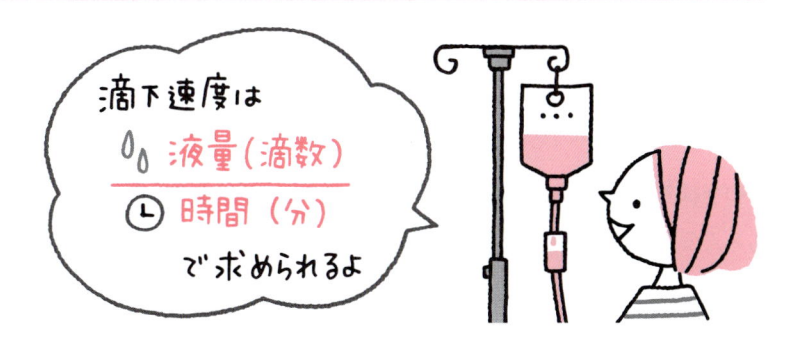

滴下速度は 液量（滴数）／時間（分） で求められるよ

第5章 看護に関係の深いグラフとその書き方・読み方

第2章でグラフに関する基礎知識を復習しましたが、
ここでは看護に関係の深いグラフについて、
その書き方と読み方を習得します。

熱型表

　看護師は患者のバイタルサイン（体温、脈拍、血圧など）を測定するたびに、専用の記録用紙にデータポイントを記入——実際には、前回記入したポイントと今回記入したポイントを直線で結び、折れ線グラフにします。記録用紙の名称は医療機関によって多少異なるようですが、最もポピュラーなのは熱型表でしょう。

　図1はその1例です。この熱型表では、グラフ部分の下に関連情報（尿、便、食事など）も書き込めるようにレイアウトされています。ただし、この部分のレイアウトは医療機関によって異なります。

　まず、図1の横軸と縦軸の意味を再確認しましょう。横軸は時間軸です。ここでは7日間をカバーしていますが、1日は24時間なので、24時間×7＝168時間をカバーしているともいえます。2本の太い線に挟まれた部分が1日分で、時刻の目安となる2本の細い線によって3つに分割されています。したがって、ある1日に注目すると、左から順に午前0時（太い線）、午前8時（細い線）、午後4時（細い線）、午後12時＝翌日の午前0時（太い線）という具合に時刻は進みます。

　縦軸は4種類の「量」——具体的には体温（●）、脈拍（●）、血圧（▲▼）、呼吸（○）を表します。1目盛の意味が「量」の種類によって異なることに注意してください。

　熱型表はバイタルサインという「量」の経時的な変化をグラフ化したもので、患者の病状を把握するためには必要不可欠な（＝なくてはならない）文書です。もちろん公文書です。通常は同僚との共同作業になります。したがって、まずは正確に、わかりやすく（＝見やすいように）記入する能力を養わなくてはなり

■図1 熱型表とのその記入例

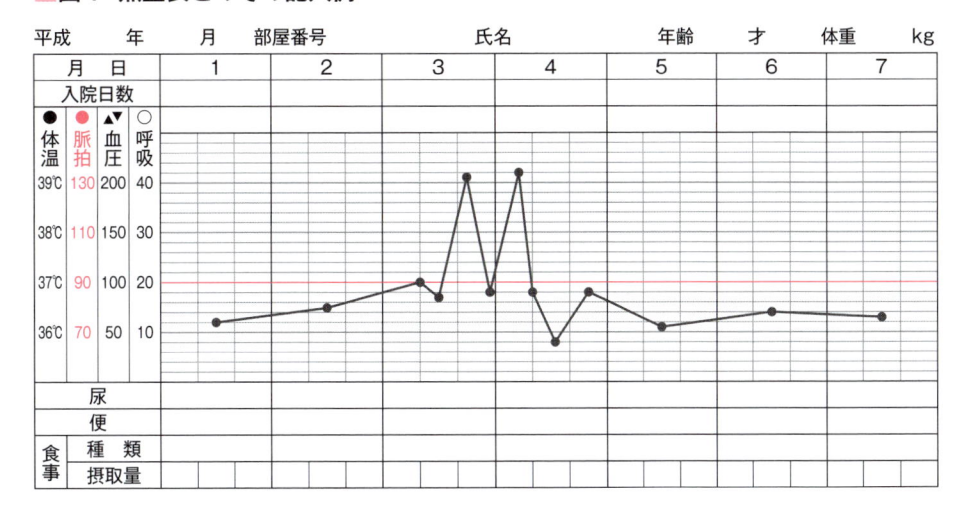

ません。

　グラフがきちんと書けるようになったら、その内容を読み取る能力（＝分析力と判断力）が必要です。分析した結果、危険であると判断すれば、職場の同僚（医師、看護師、介護士、理学療法士、作業療法士など）に報告・連絡・相談しなければならないのはもちろんです。

　図1は、実例に基づいた記入例から体温データのみを抽出して紹介しています。3日目の朝37℃だったので、経過をみていたら、夜39℃以上に発熱したという例です。実例では4日目の早朝から抗菌薬（こうきんやく）の点滴投与が開始されました。

XYプロット

　「量」の時間経過を記録したグラフは、横軸をX軸、縦軸をY軸といいかえて**XYプロット**とも呼びます。横軸の単位は、秒、分、時間、日、月、年などが代表的です。縦軸には「量」であれば何でもプロットできます。体温（℃）、血圧（mmHg）、脈拍や心拍数（/分）、濃度（mg/dL、g/dL、mol/Lなど）、面積（cm^2、m^{2}など）、容積（μL、mL、dLなど）、電流（μA、mAなど）、電圧（μV、mVなど）が代表的です。

数学5　看護に関係の深いグラフとその書き方・読み方

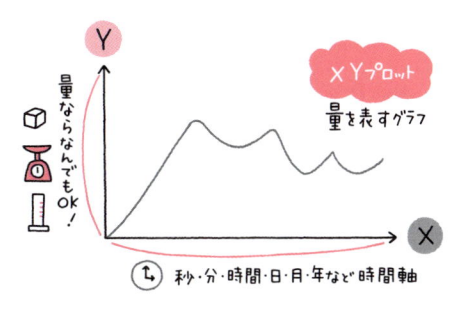

心拍数トレンドグラフ

図2は心拍数を12時間測定したXYプロットで、心拍数トレンドグラフと呼ばれています。

X軸は時間を表しますが、グラフの性質上「時刻」とラベルしました。左端がある日の10時5分、右端が翌日の10時5分を意味します。Y軸は心拍数。単位の「bpm」はbeat per minuteの略。午前10時過ぎに心拍数が50前後から130前後に急上昇し、翌朝になっても回復しなかったことを示しています。

■図2 心拍数トレンドグラフ

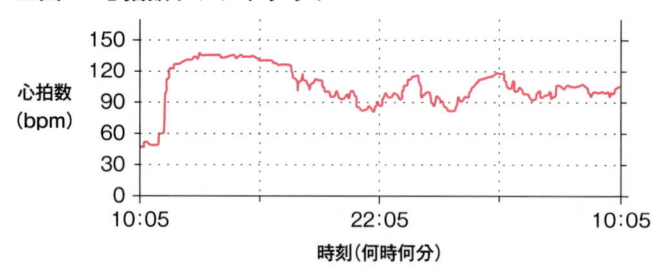

時政孝行 編著：なぜこうなる？　心電図　波形の成立メカニズムを考える. 九州大学出版会, 福岡, 2007より改変して引用

心電図

心電図もXYプロットの1種です（図3）。Y軸には人体表面に発生する電圧をプロットします。

X軸は時間を意味し、ドットとドットの間は0.04s（＝40ms）に相当します。同様に、Y軸は電圧を意味し、ドットとドットの間は0.1mV（＝100μV）。

■図3 心電図

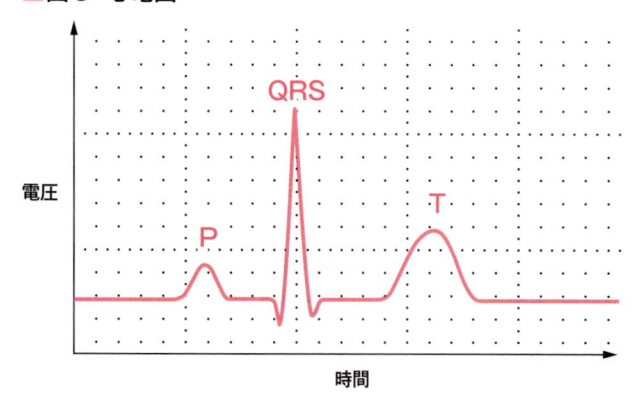

時政孝行 編著：なぜこうなる？　心電図　波形の成立メカニズムを考える. 九州大学出版会, 福岡, 2007より改変して引用

P波
正常な波形の一番はじめに出る小さめの山。心房の興奮を表す。

QRS波
上向きのふれがR波、R波の前の下向きのふれがQ波、R波の後の下向きのふれがS波。心室の興奮を表す。

T波
P波、QRS波の後に出る3つ目の山で、一番幅が広い。興奮が静まる様子を示す。

片対数プロット（セミログプロット）

XYプロットではY軸を対数目盛にする場合があります。片対数プロット、あるいはセミログプロット（semi-log plot）と呼ばれますが、このタイプのグラフも非常に重宝されるので、少し詳しく説明します。

表1に示したように、単位時間ごとに半減する「量」があると仮定します。時間0のときの「量」を100（単位は％）とすると、1秒後には50％、2秒後には25％という具合に減少するという意味です。時間0のときの「量」を100とすると、1秒後には$100 \times \frac{1}{2} = 50$、2秒後には$(100 \times \frac{1}{2}) \times \frac{1}{2} = 100 \times (\frac{1}{2})^2 = 25$という具合に減少するので、$t$秒後における量は$100 \times (\frac{1}{2})^t$と表せます。

このデータをグラフ化するとき、Y軸を通常の目盛りにすると図4A、対数目盛にすると図4Bが得られます。対数目盛りにすると直線が得られることに注目してください。同じ単位時間ごとに半減する量を表しているのに、グラフの形は異なります。図4Bのように片対数プロットにすると、一定量変化しているのが目で見てわかりやすいというメリットがあります。

なお、通常の目盛りでプロットすることをリニアプロット（linear plot）といいますが、最適な日本語訳がないのが現状です。算術目盛や等差目盛という術語を採用している教科書や参考書もあるようです。

■ 表1　単位時間ごとに半減する量

時間（秒）	量（％）
0	100.0
1	50.0
2	25.0
3	12.5
4	6.3
5	3.1
6	1.6
7	0.8
8	0.4
9	0.2
10	0.1

対数目盛
Y軸が等間隔に並んでいる普通の目盛りと違い、1、10の2乗、10の3乗と並んでいる。

■ 図4　表2のグラフ化

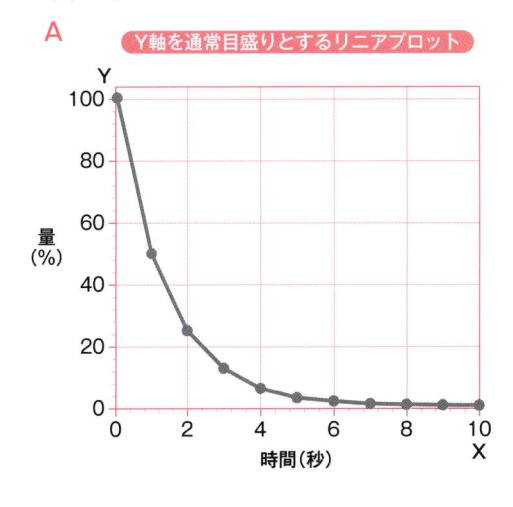

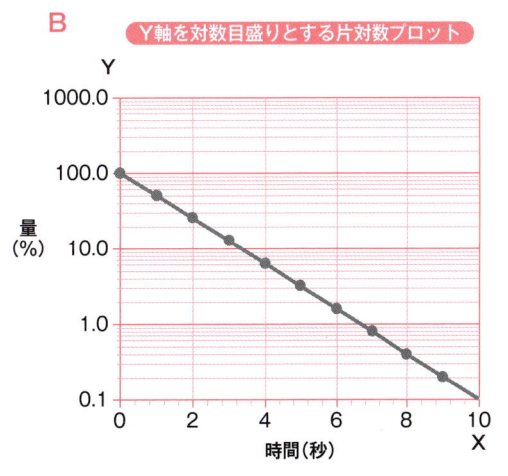

A　Y軸を通常目盛りとするリニアプロット

B　Y軸を対数目盛りとする片対数プロット

棒グラフ

XYプロットには棒グラフという方法もあります。この場合は両軸とも、リニアプロット(リニア-リニアプロット)が主流です。**図5**は図4A (P.45)を棒グラフに変換したものです。

■**図5　図4Aの棒グラフ**

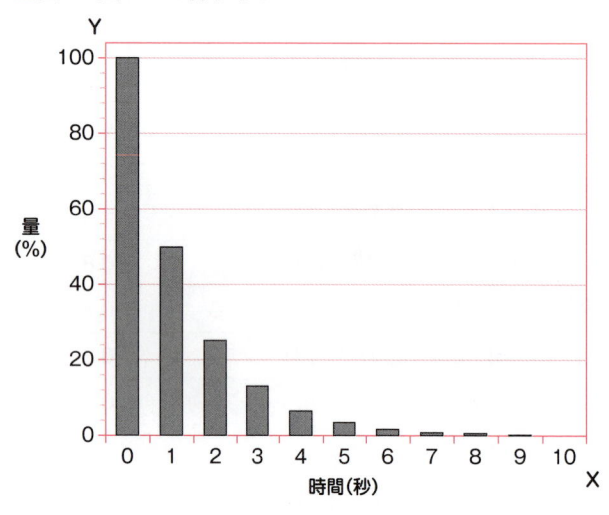

散布図

XYプロットでは両軸に「量」をプロットする場合があります。このようなグラフは散布図とも呼ばれます。みなさんが親しんだ散布図は試験の点数ではないでしょうか。

例えばX軸が国語の点数で、Y軸が英語の点数。こうすると、国語が得意な生徒が英語も得意かどうかを推定することが可能です。

図6は女性にとって身近な病気である貧血に関する散布図(症例数は18)です。まず図6Aから説明します。X軸はMCVという「量」のリニアプロットです。MCVは平均的な赤血球容積のことで、単位はフェムトリットル(略語はfL、P.26演習問題③問題4を参照してください)。

Y軸は血液中のヘモグロビン濃度(単位はg/dL)を表します。プロットはリニア。丸印がデータポイントで、ヘモグロビン濃度が12g/dL以下の貧血症例では赤血球が小さい(MCV値が90fL以下)ことを示唆しています。図6Bは同じ18名から得られた治療後のデータで、治療によりヘモグロビン濃度が増え、赤血球が大きくなったことを示しています。図6Aは演習問題⑤問題6 (P.50)で再登場します。

■図6 貧血に関する散布図

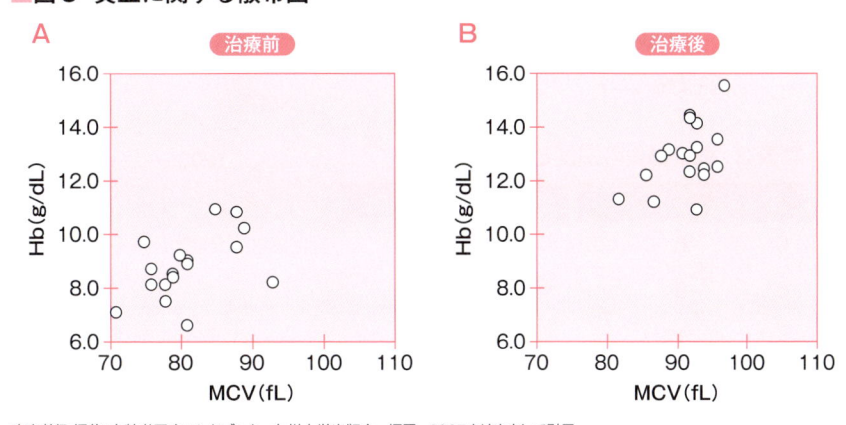

A 治療前

B 治療後

時政孝行 編著:高齢者医療ハンドブック. 九州大学出版会, 福岡, 2007より改変して引用

円グラフ

看護には円グラフについての知識も必要です。病名と患者数(症例数)の一覧表(表2)を使って円グラフを作成してみましょう。

グラフを作成する前に2つの作業が必要です。最初の作業は患者総数の計算です。右欄に記入されている患者数の総和を求めましょう。

患者総数 = 17 + 13 + 8 + 8 + 5 + 11 = 62

次に、それぞれの数の総和に対する割合を求め、それを角度に換算します。脳梗塞の場合で計算すると、

$$求める角度 = \frac{患者数}{患者総数} \times 360°$$
$$= \frac{17}{62} \times 360°$$
$$\fallingdotseq 0.274 \times 360°$$
$$\fallingdotseq 98.7°$$

ということです。ほかの病名についても同様の手順で角度を求めれば準備完了。最後に分度器を利用して分割線を引くと円グラフが完成します(図7)。

■表2 病名と症例数の一覧表

病名	症例数
脳梗塞	17
脳出血	13
クモ膜下出血	8
脳挫傷	8
脳腫瘍	5
その他	11

■図7 表2の円グラフ

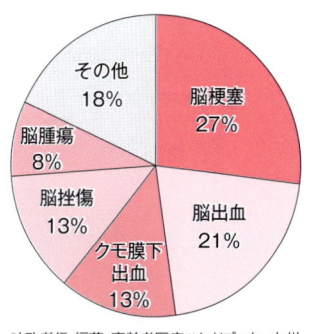

脳梗塞 27%
脳出血 21%
クモ膜下出血 13%
脳挫傷 13%
脳腫瘍 8%
その他 18%

時政孝行 編著:高齢者医療ハンドブック. 九州大学出版会, 福岡, 2007より改変して引用

数学5 看護に関係の深いグラフとその書き方・読み方

確認のためもう一度トライ！ 演習問題 5

問題1 ある物質の温度と圧力の関係を表3に示す。データをXYプロットせよ。両軸ともリニアプロット。

[解答欄]

■表3 ある物質の温度と圧力の関係

温度(℃)	圧力(hPa)	温度(℃)	圧力(hPa)
0	6	55	157
5	9	60	199
10	12	65	250
15	17	70	312
20	23	75	387
25	32	80	475
30	42	85	581
35	56	90	705
40	74	95	852
45	96	100	1022
50	123		

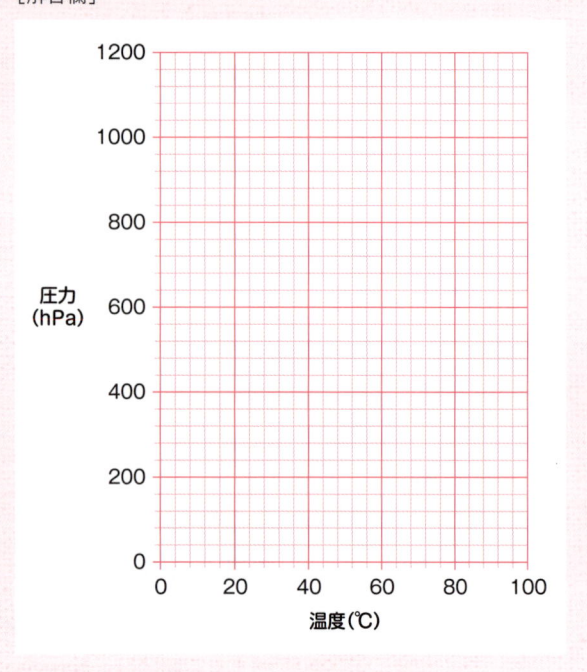

問題2 注射針の規格はゲージ数である(図8)。表4にゲージ数と内径(＝直径)、半径、および断面積の関係を示す。半径(X軸)と断面積(Y軸)の関係をXYプロットせよ。両軸ともリニアプロット。念のため、断面積の計算方法をおさらいすると、面積＝円周率(π)×半径^{2}である。

■図8 注射針の規格

ディスポーザブル注射針の表示とその意味

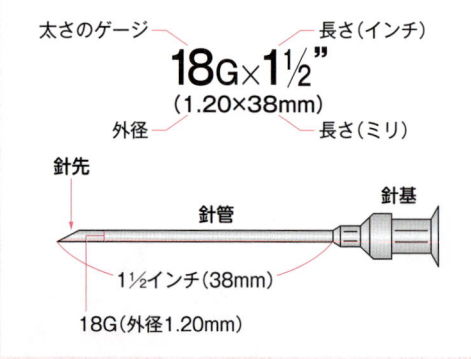

太さのゲージ ── 長さ(インチ)
18G×1½"
(1.20×38mm)
外径 ── 長さ(ミリ)

針先
針管
針基
1½インチ(38mm)
18G(外径1.20mm)

■表4 注射針の内径・半径・断面積

ゲージ	内径(mm)	半径(mm)	断面積(mm²)
16	1.31	0.655	1.3471
17	1.13	0.565	1.0024
18	0.95	0.475	0.7085
19	0.77	0.385	0.4654
20	0.60	0.300	0.2826
21	0.53	0.265	0.2205
22	0.42	0.210	0.1385
23	0.35	0.175	0.0962
24	0.32	0.160	0.0804
25	0.28	0.140	0.0615
26	0.24	0.120	0.0452
27	0.21	0.105	0.0346

[解答欄]

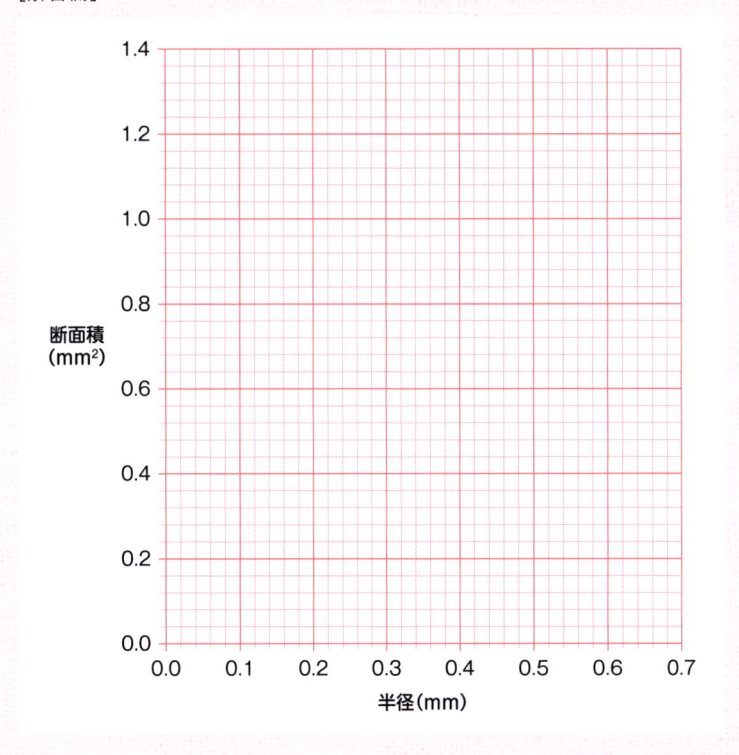

断面積
(mm²)

半径(mm)

| 問題 3 | 問題2で使用した表4からゲージ数(偶数のみ)と断面積のデータを抽出して両者の関係をXYプロットせよ。両軸ともリニアプロット。 |

[解答欄]

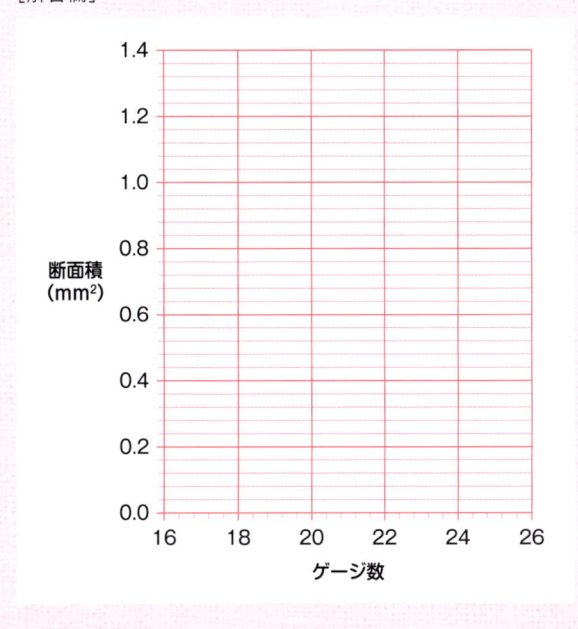

断面積
(mm²)

ゲージ数

問題4 ある物質(総ビリルビン、略語はTB)の血中濃度(mg/dL)を測定した結果を表5に示す。2009年8月分のデータを棒グラフにまとめよ。

■表5 総ビリルビンの血中濃度の測定結果

検査日	TB値(mg/dL)
2009.2.24	0.62
2009.3.9	0.69
2009.8.14	7.23
2009.8.15	5.37
2009.8.17	4.76
2009.8.19	3.47
2009.8.21	2.13
2009.8.24	1.62
2009.8.28	1.26

[解答欄]

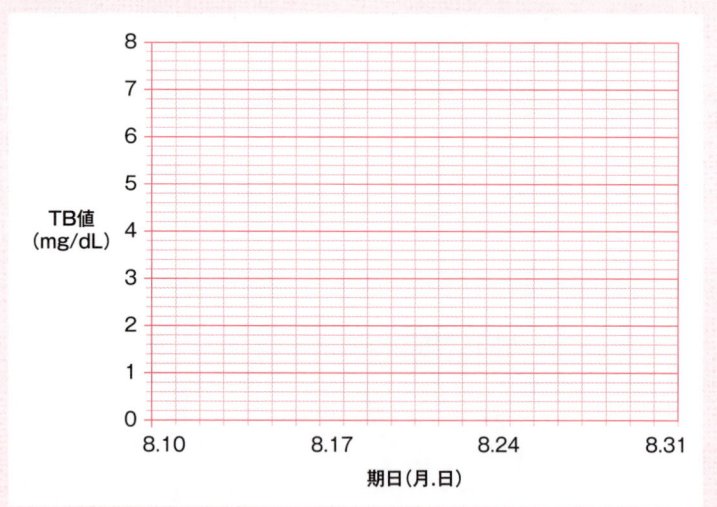

問題5 貧血に関する散布図を2つ用意した。これらからA群(18例)とB群(9例)の違いを指摘せよ。

■図9 貧血に関する散布図

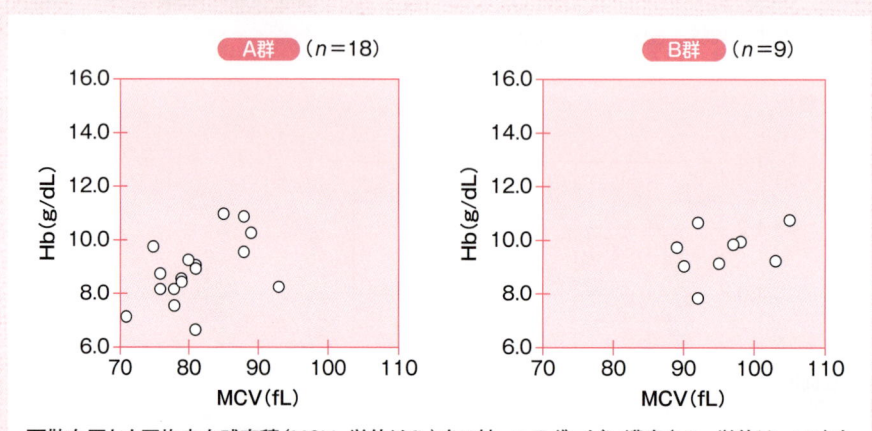

両散布図とも平均赤血球容積(MCV、単位はfL)をX軸、ヘモグロビン濃度(Hb、単位はg/dL)をY軸にXYプロットしている。

[解答欄]

正解はP.54をチェック!

数学 演習問題 解答・解説

演習問題 (P.16) 1

問題1

① [解答] $\dfrac{3}{2}$

[解説] $\dfrac{5}{6}+\dfrac{2}{3}=\dfrac{5}{6}+\dfrac{4}{6}=\dfrac{9}{6}=\dfrac{3}{2}$

② [解答] $\dfrac{1}{6}$

[解説] $\dfrac{5}{6}-\dfrac{2}{3}=\dfrac{5}{6}-\dfrac{4}{6}=\dfrac{1}{6}$

③ [解答] $\dfrac{1}{12}$

[解説] $-\dfrac{2}{3}+\dfrac{3}{4}=\dfrac{3}{4}-\dfrac{2}{3}=\dfrac{9}{12}-\dfrac{8}{12}$
$=\dfrac{1}{12}$

④ [解答] $-\dfrac{17}{12}$

[解説] $-\dfrac{2}{3}-\dfrac{3}{4}=-\left(\dfrac{2}{3}+\dfrac{3}{4}\right)$
$=-\left(\dfrac{8}{12}+\dfrac{9}{12}\right)=-\dfrac{17}{12}$

⑤ [解答] $\dfrac{3}{10}$

[解説] $\dfrac{3}{4}\times\dfrac{2}{5}=\dfrac{3\times 2}{4\times 5}=\dfrac{6}{20}=\dfrac{3}{10}$

問題2

[解答] 1.8

[解説] $\dfrac{1}{6}\times(-18)\times\left(-\dfrac{3}{5}\right)$
$=\left(-\dfrac{18}{6}\right)\times\left(-\dfrac{3}{5}\right)$
$=-3\times\left(-\dfrac{3}{5}\right)=\dfrac{9}{5}=1.8$

問題3

① [解答] 150

[解説] $5^3+5^2=(5\times 5\times 5)+(5\times 5)$
$=125+25=150$

② [解答] 100

[解説] $5^3-5^2=(5\times 5\times 5)-(5\times 5)$
$=125-25=100$

③ [解答] 3125

[解説] $5^3\times 5^2=5^{3+2}=5^5=3125$

④ [解答] 5

[解説] $5^3\div 5^2=5^{3-2}=5^1=5$

問題4

① [解答] 10^{-4}

② [解答] 3×10^{-4}

問題5

[解答] 0.6

[解説] $4\div 7=0.571\cdots$の小数点第2位を四捨五入する。 ∴ $\dfrac{4}{7}\fallingdotseq 0.6$

問題6

[解答] 0.83

[解説] $5\div 6=0.833\cdots$の小数点第3位を四捨五入する。 ∴ $\dfrac{5}{6}\fallingdotseq 0.83$

問題7

[解答] 21.7%

[解説] $13\div 60=0.2166\cdots$の小数点第4位を四捨五入する。

∴ $\dfrac{13}{60}\fallingdotseq 0.217$

百分率にするには100をかければよいので、
$0.217\times 100=21.7$

演習問題 (P.19) 2

問題1

① [解答] $X=2$

[解説] $7X-2=2(5X-4)$
$7X-2=10X-8$
$7X-10X=-8+2$
$-3X=-6$
$X=2$

② [解答] $X=-10$

[解説] 両辺に最小公倍数の10をかけても等式は成立する。

$\dfrac{X}{5}-3=\dfrac{X}{2}$

$10\left(\dfrac{X}{5}-3\right)=10\left(\dfrac{X}{2}\right)$

$2X-30=5X$
$2X-5X=30$
$-3X=30$
$X=-10$

③[解答] $X=7$

[解説] 両辺に6をかけても成立する。

$$\frac{(X+2)}{3} = \frac{(X-1)}{2}$$

$$\frac{(X+2)}{3} \times 6 = \frac{(X-1)}{2} \times 6$$

$$(X+2) \times 2 = (X-1) \times 3$$

$$2X+4 = 3X-3$$

$$2X-3X = -3-4$$

$$-X = -7$$

$$X = 7$$

問題2

①$Y=2X$ [解答]

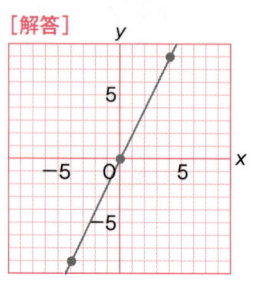

②$Y=-0.5X$ [解答]

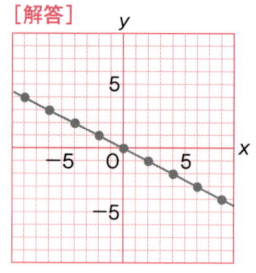

③$XY=5$ [解答]

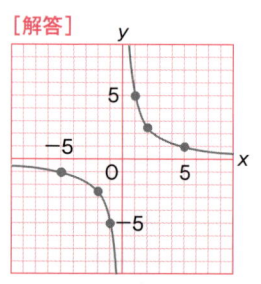

④$Y=0.5X+1$ [解答]

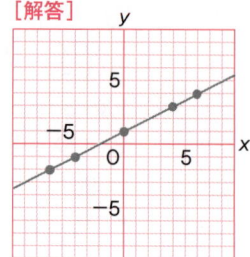

演習問題 (P.26) 3

問題1
①[解答] 800mL　※1L=1000mL
②[解答] 20mL
③[解答] 2000mL　※1dL=100mL
④[解答] 0.1mL　※1μL=0.001mL
⑤[解答] 0.0009mL

[解説] $900nL = 900 \times 10^{-6}mL$
　　　　　$= 9 \times 10^{-4}mL$
　　　　　$= 0.0009mL$

⑥[解答] 0.000000013mL

[解説] $13000fL = 13000 \times 10^{-12}mL$
　　　　　$= 1.3 \times 10^{-8}mL$
　　　　　$= 0.000000013mL$

問題2
①[解答] 2L

[解説] $20dL = 20 \times 10^2 mL$
　　　　　$= 2000mL = 2L$

②[解答] 5L
③[解答] 1.3L

[解説] $1300cc = 1300mL = 1.3L$

④[解答] 0.08L

[解説] $80000\mu L = 8 \times 10^4 \times 10^{-6}L$
　　　　　$= 8 \times 10^{-2}L = 0.08L$

問題3
①[解答] 1MPa
②[解答] 15MPa
③[解答] 15MPa
④[解答] 0.0316MPa

[解説] $240mmHg = \frac{240}{760}$気圧
　　　　　$= 0.316$気圧
　　　　　$= 0.0316MPa$

⑤[解答] 0.1MPa

[解説] $1000hPa = 100000Pa$
　　　　　$= 0.1MPa$

問題4
[解答] 100fL

[解説] まず、赤血球1個の体積を単位赤血球容積（MCVと省略）と呼ぶことにします。単位はL/個。次に単位体積（血液1L）当たりの

赤血球数を計算します。単位は個。1mm³中に400万個＝$4×10^6$個なので、1L（1Lは100mmの3乗＝10^6mm³）中では$4×10^6×10^6＝4×10^{12}$個。ヘマトクリット値は血液量には関係ないので、血液1Lでもやはり40％。つまり、赤血球が$4×10^{12}$個集まるとその容積が0.4Lになるということ。したがって、次の等式が成立します。

MCV（L/個）×赤血球数（個）＝0.4L

∴MCV＝$\frac{0.4}{(4×10^{12})}$
　　　＝$0.1×10^{-12}＝100×10^{-15}$
　　　（単位はL/個）

国際単位系接頭語（P.21表3）のなかから最適なものを選ぶと$100×10^{-15}$Lは100fL（フェムトリットル）と表記できます。つまり、MCVは100fL。医療現場ではMCVのような検査値を赤血球恒数（mean corpuscular constants）と呼び、貧血の診断や治療に役立てています。

演習問題 （P.41） 4

問題1
[解答] 1
[解説] 10％塩酸リドカイン液10mLとは水溶液10mLに薬が1g入っている液のことです。1gは1000mgのことですから、1分間に2mgの速度で点滴すると点滴時間は500分になります。等式を考えるまでもなく、500mLを500分で点滴するための点滴速度は1mL/分です。したがって、正解は1。

問題2
[解答] 42
[解説]
滴下速度（滴数/分）＝$\frac{(500\text{mL}×20\text{滴/mL})}{(4\text{時間}×60\text{分})}$
＝$\frac{(500×20\text{滴})}{(4×60\text{分})}$
＝$\frac{500}{4}×\frac{1}{3}$滴/分　　∵$\frac{20}{60}=\frac{1}{3}$
＝$\frac{125}{3}$滴/分　　∵$\frac{500}{4}=125$
≒41.6滴/分
≒42滴/分

問題3
[解答] 83（滴下数/分）
[解説]
滴下速度（滴下数/分）＝$\frac{(500\text{mL}×20\text{滴/mL})}{(2\text{時間}×60\text{分})}$
＝$\frac{10000}{120}$
＝83.33……

問題4
[解答] 40（滴下数/分）
[解説]
滴下速度（滴下数/分）＝$\frac{(360\text{mL}×20\text{滴/mL})}{(3\text{時間}×60\text{分})}$
＝$\frac{7200}{180}$
＝40

問題5
[解答] 50（滴下数/分）
[解説]
滴下速度（滴下数/分）＝$\frac{(750\text{mL}×20\text{滴/mL})}{(5\text{時間}×60\text{分})}$
＝$\frac{15000}{300}$
＝50

問題6
[解答] 50（分）
[解説]
酸素残量＝ボンベの容量×$\frac{4.4}{14.7}$
＝$\frac{500×4.4}{14.7}$
＝$\frac{2200}{14.7}$
＝149.65……
使用可能時間（分）＝150÷3＝50

問題7
[解答] 33
[解説]
BMI＝$\frac{85}{1.6×1.6}$
＝$\frac{85}{2.56}$
＝33.20…

演習問題 (P.48) 5

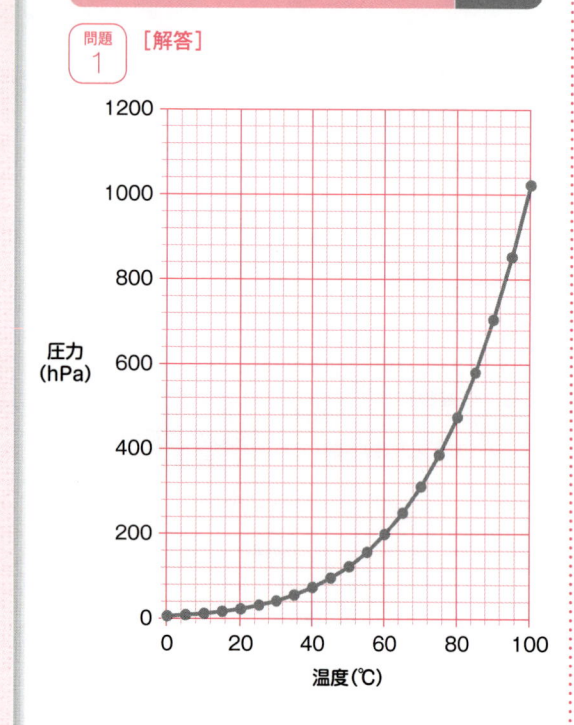

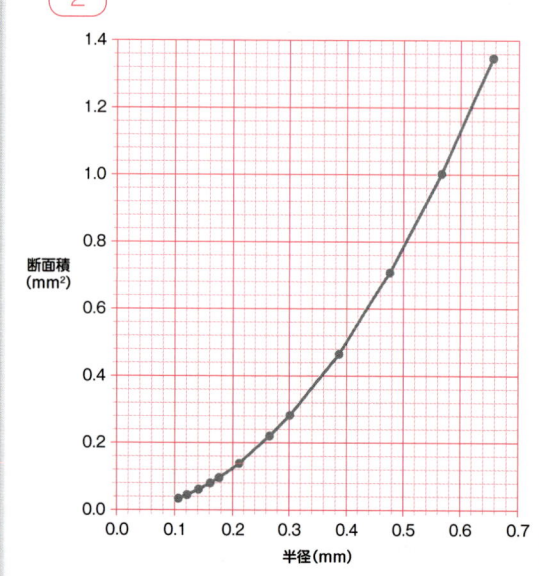

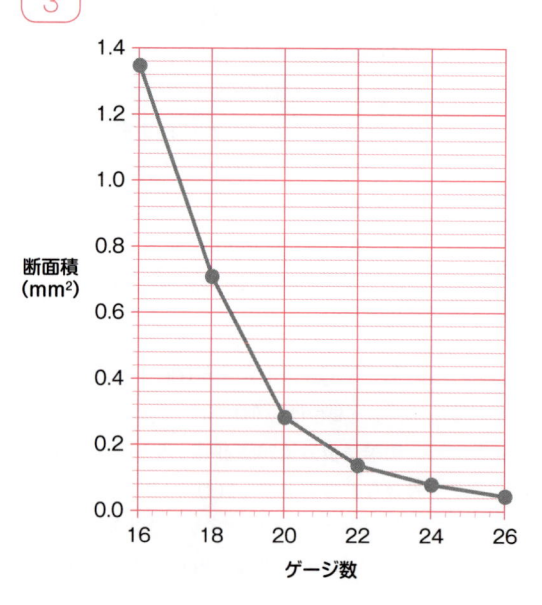

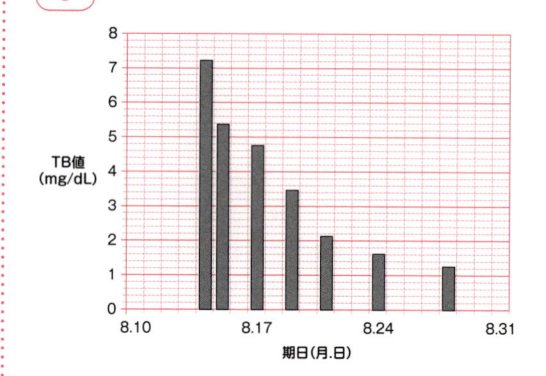

問題1 ［解答］

問題2 ［解答］

問題3 ［解答］

問題5 ［解答］

問題6 ［解答例］

A群ではMCV値が90fL以下の例がほとんどですが、B群では90fL以上が圧倒的です。つまりA群は小球性、B群は非小球性の貧血です。

九九一覧表

筆算をするときに九九を思い出せなかったら、ここで確認しましょう。

2の段	3の段	4の段	5の段
2×1=2	3×1=3	4×1=4	5×1=5
2×2=4	3×2=6	4×2=8	5×2=10
2×3=6	3×3=9	4×3=12	5×3=15
2×4=8	3×4=12	4×4=16	5×4=20
2×5=10	3×5=15	4×5=20	5×5=25
2×6=12	3×6=18	4×6=24	5×6=30
2×7=14	3×7=21	4×7=28	5×7=35
2×8=16	3×8=24	4×8=32	5×8=40
2×9=18	3×9=27	4×9=36	5×9=45

6の段	7の段	8の段	9の段
6×1=6	7×1=7	8×1=8	9×1=9
6×2=12	7×2=14	8×2=16	9×2=18
6×3=18	7×3=21	8×3=24	9×3=27
6×4=24	7×4=28	8×4=32	9×4=36
6×5=30	7×5=35	8×5=40	9×5=45
6×6=36	7×6=42	8×6=48	9×6=54
6×7=42	7×7=49	8×7=56	9×7=63
6×8=48	7×8=56	8×8=64	9×8=72
6×9=54	7×9=63	8×9=72	9×9=81

数学・物理の国試対策の最重要ポイント

本書は、看護学校に入学してから専門基礎科目が始まるまでの短い期間を利用して、数学と物理のポイントを復習できるように構成していますが、国試対策という意味で最重要ポイントを整理してみます。

Point

① 国試突破に必要な数学と物理のレベルは決して高くない。むしろ低い。

② 式を立てる能力については高校1年までの知識が必要。

③ 式を立てるためにも単位についての基礎知識が必要。特に、面積・体積と重力・圧力は重要。

④ 人体を理解するために必要な数学と物理のレベルは案外高い。

⑤ 計算能力については高校2年までのレベルが必要。

⑥ 数式については指数・対数関数が入った式が頻出する。三角関数も同様。

⑦ ごく簡単な(物理I程度の)微分はマスターすることが望ましい。積分は不要。

⑧ 臨床現場では、グラフを作製したり、読み取ったりしなければならない機会がますます増える。

看護に必要な 物理

さて、数学のパートで計算の基本を復習したところで、次は物理です。
物理が扱うのは、私たちの身のまわりのさまざまな力。
また、数学で練習した看護計算に必要となる単位換算にも、
物理の基礎知識が欠かせません。
物理は食わず嫌い！ という人も多いでしょうが、
その基本は私たちの生活に密接に関係するものばかり。
さあ、身近なテーマから物理を始めましょう！

CONTENTS

- 第1章 看護×物理 なぜ看護に物理が必要なのか、その理由 ……… 58
- 第2章 看護の基礎となる力の話 ……… 62
- 第3章 看護の基礎となる電気の話 ……… 76
- 第4章 看護の基礎となる波の話 ……… 92
- 第5章 看護に必要な放射線の話 ……… 104
- 物理 演習問題の解答・解説 ……… 113

看護に必要な
物理　第1章

看護×物理
なぜ看護に物理が必要なのか、その理由

　数学のパートで、「Nursing Calculations」（看護計算）の例題や演習にトライして、2つの重要ポイントがあることに気がつかれたのではないでしょうか。
　①数値計算そのものは小学校6年生レベル。この点は、国試に出題された計算問題でも同様です。つまり、「計算問題おそるるに足らず」ということ。
　②看護計算には、数値の計算だけでなく単位（mgやmL）の計算も必要。
　実は、読者のみなさんはここで「看護×物理」というテーマに出合ってしまっているのです。簡単な例を紹介します。数学では1プラス1は2、1000プラス1は1001です。ところが、物理では1gプラス1mgは、単位をmg（ミリグラム）にすれば1001mgですが、単位をg（グラム）にすれば1.001g。つまり単位をそろえてはじめて数値計算ができるのです。この点をもう少し詳しく説明します。
　物理では、同じ単位どうしでないと足し算と引き算はできません。例えば、1mgプラス1mLは計算不能ですね。では、1気圧プラス120mmHgはどうしょう。これは「1気圧＝760mmHg」という基礎知識があれば、計算可能ですね。
　では、かけ算とわり算はどうでしょうか。同じ単位どうしではもちろん可能ですが、異なった単位どうしでも計算できる場合があります。それが国際単位系の組立単位です。例えば、1ニュートン（N）に1メートル（m）をかけると、エネルギーの場合は1ジュール、力のモーメントの場合は1N・mになります。ジュールはカロリーに換算できるので、食事量を計算するときに必要です。力のモーメントは、患者の体位変換（最近は、看護ボディメカニクスの物理とも呼ばれます）や患者をベッドからストレッチャーに移すときに必須の基礎知識です。
　国試過去問では、圧力（気圧、血圧、体圧、酸素ボンベの内圧、ドレナージをするときの吸引圧）、エネルギー（カロリー）、温度（体温）に関する出題が目立ちます（右）。このように、看護の基本にも、やはり物理の基礎知識は欠かせないのです。さぁ、難しがらずに物理の基本をマスターしていきましょう。

物理に関する国試過去問

エネルギーに関する問題

第97回 午前問題 71
※改変して引用

Aさんは、日中に5%ブドウ糖液1.5Lの点滴静脈内注射を受けた。ブドウ糖1gは16kJのエネルギーを供給する。
　Aさんが摂取するエネルギーはいくらか。

解答・解説

［解答］1200kJ

［解説］まず、5%ブドウ糖液とは水100mL中にブドウ糖5g（＝ $\frac{5g}{100mL}$ ）のこと。そして、1.5L ＝ 1500mL。

$$\therefore ブドウ糖重量 ＝ 点滴量 \times 濃度$$
$$＝ \frac{1500mL \times 5g}{100mL}$$
$$＝ 15 \times 5g$$
$$＝ 75g$$

$\therefore$ エネルギー量 ＝ 75g × 16kJ/g ＝ 1200kJ

力のモーメントに関する問題

第94回 午前問題 56

図で、仰臥位から左側臥位への体位変換が最も少ない力でできるのはどれか。

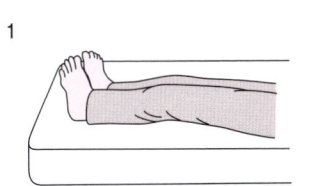

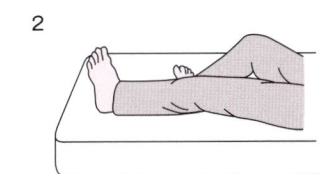

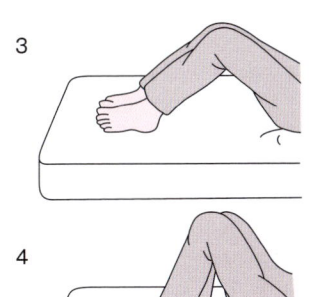

1
2
3
4

解答・解説

［解答］4

［解説］なぜ看護に物理が必要かというテーマに最もふさわしい国試過去問です。出題者が求めているのは力のモーメントについての基礎知識、つまり、「**力のモーメントの大きさ＝腕の長さ×力**」です。

　この場合の腕の長さに相当するのは、ベッドから膝までの距離。これが長ければ長いほど、加える力は少なくなります。腕の長さ（ベッドから膝までの距離）が最も長いのは4。この問題では重心の位置も大事です。つまり、重心が高ければ高いほど、体位は不安定になり、より少ない力で変換できます。最も重心が高いのは4です。したがって、正解は間違いなく4。このように、看護・介護の場で物理学的原理を活用する技術をボディメカニクスと呼びます。詳しくは本文P.62で解説します。

物理 1　看護×物理　なぜ看護に物理が必要なのか、その理由

> これだけは覚えておこう！

物理に必要な基本の用語・記号

数学と同じように、物理の学習をしていく前に、基本の用語や記号をおさらいしておきましょう。

1 おさえておきたい単位・用語

物理に必要な基本的な単位・用語を集めました。
いくつかについては、本文でも詳しく解説します。

用語	単位・式	説明
質量(しつりょう)	単位はキログラム(kg)	物体のもつ物質の量です。質量は、物体をつくる原子や分子の種類や数で決まります
密度(みつど)	単位はkg/m^3	単位体積当たりの質量です 密度 = $\frac{質量}{体積}$（または、体積×密度＝質量）
重力加速度	値は$9.8m/s^2$	落下の加速度のこと。質量には関係なくすべての物体に等しく作用します。重力加速度を記号で表すときはgを使います
ニュートン(N)	$N=kg \cdot m/s^2$	力の単位です。質量1kgの物体に$1m/s^2$の加速度を生じる力が1Nです
力のモーメント	力(N)×距離(m)	物体に加わった力が物体を回転させるはたらきをするときの、はたらきの大きさのことです。トルクと呼ばれることもあります
パスカル(Pa)	$Pa=N/m^2$	圧力の単位です。物体の表面の$1m^2$当たりに何Nの力がはたらくかということを表します $Pa=N/m^2$……1013hPa≒1気圧＝760mmHg
ジュール(J)	$J=Nm$	仕事の単位です
ワット(W)	$W=J/s$	仕事率の単位です
クーロン(C)	$C=As$	電気量の単位です
アンペア(A)	$A=C/s$	電流の単位です。7つの国際基本単位のうちの1つです
ボルト(V)	$V=A\Omega$	電圧の単位です
オーム(Ω)		電気抵抗の単位です。有名な「オームの法則」のオームです
ジーメンス(S)		電気の通りやすさの単位です。オームの逆数になります
アボガドロ数	$6.022×10^{23}$ 1/mol	気体分子の数のことです。1モルとは$6.022×10^{23}$個分、原子や分子が集まったという意味です
電気素量(e)	$1.602×10^{-19}$ C	電荷の最小値のことです。電子や陽子の電荷に等しいです
気体定数(R)	$8.31J/(mol \cdot K)$	一定の理想気体では、圧力・体積・絶対温度の間にはボイル・シャルルの法則が成り立ちます。 1molの気体において標準状態の値でこの定数を求めたのが、気体定数です
音の速さ＝周波数×波長		周波数と波長の積に等しく、空気中では約340m/s
光の速さ＝周波数×波長		周波数と波長の積に等しく、真空中では約30万km/s

7つの国際基本単位も要チェック！（数学P.20参照）

② 重要な物理定数の値

物理定数は値の変わらない物理量のことです。
重要なものだけ12個ピックアップしましたので、わからないときはこの表に戻ってみてください。

物理量	記号	数値
重力加速度(標準)	g	9.80665 m/s^2
万有引力定数	G	6.67259×10^{-11} N·m^2/kg^2
熱の仕事当量	J	4.18605 J/cal
標準気圧		1atm=760mmHg=1.01325×10^5 Pa
アボガドロ数	N_A	6.0221367×10^{23} 1/mol
理想気体1molの体積(標準状態)		2.241410×10^{-2} m^3/mol
気体定数	R	8.314510 J/mol·K
ボルツマン定数	k	1.380658×10^{-23} J/K
空気中の音速(0℃)		331.45 m/s
真空中の光速	c	2.99792458×10^8 m/s
真空の誘電率	ε_0	$8.854187817 \times 10^{-12}$ F/m
電気素量	e	$1.60217733 \times 10^{-19}$ C

③ よく出るギリシャ文字の読み方

物理にはギリシャ文字がたくさん出てきます。
物理でよく出てくるギリシャ文字の読み方です。ざっと目を通しておいてください。

大文字	小文字	読み方	大文字	小文字	読み方
Α	α	アルファ	Ν	ν	ニュー
Β	β	ベータ	Ξ	ξ	クサイ
Γ	γ	ガンマ	Ο	ο	オミクロン
Δ	δ	デルタ	Π	π	パイ
Ε	ε	イプシロン	Ρ	ρ	ロー
Ζ	ζ	ゼータ	Σ	σ	シグマ
Η	η	エータ	Τ	τ	タウ
Θ	θ	シータ	Υ	υ	イプシロン
Ι	ι	イオタ	Φ	φϕ	ファイ
Κ	κ	カッパ	Χ	χ	カイ
Λ	λ	ラムダ	Ψ	ψ	プサイ
Μ	μ	ミュー	Ω	ω	オメガ

物理1 看護×物理 なぜ看護に物理が必要なのか、その理由

看護に必要な 物理

第2章

看護の基礎となる力の話

まず、物理の基本となるさまざまな力について解説します。
看護にかかわりの深い運動とエネルギーの話が中心なので、
しっかりおさらいしていきましょう。

重力と重力加速度

　質量1キログラム（＝1kg）の分銅に糸をつけて引っ張り上げた状態を想像してください。糸はピンと張っています。分銅には2つの力がはたらきます。

- ①上向きの力──糸が引く力→張力
- ②下向きの力──地球が引く力→重力

　張力と重力は同じ直線上にあり、かつ向きが反対なので、2つの大きさが等しくなると分銅は静止します。このとき、分銅にはたらく重力は次のようにして求めることができます。

$$\begin{aligned}分銅にはたらく重力 &= 分銅の質量 \times 重力加速度 \\ &= 1\text{kg} \times 9.8\text{m/s}^2 \ (\because 重力加速度 = 9.8\text{m/s}^2) \\ &= 9.8\text{kg}\cdot\text{m/s}^2 \\ &= 9.8\text{N} \ (\because \text{N} = \text{kg}\cdot\text{m/s}^2)\end{aligned}$$

　つまり、日常会話で使われる「重さが1kg」という表現は、じつは「重力が9.8N」の意味なのです。ここで登場したのがニュートン（N）という国際組立単位。万有引力やニュートン力学で有名なイギリスの科学者、アイザック・ニュートン卿（Sir Isaac Newton）にちなんだ単位です。
　さて、前述の式は重力加速度の値を9.8m/s²として計算しましたが、重力加速度の値を実験によって求めてみましょう。実験方法はいたって簡単です。まず糸を切って分銅を自由落下させます。次に糸を切った瞬間を時間0として、

ニュートン

P.24も参照。

Note 1 質量と重さの違い

kg重(読み方は「キログラムじゅう」)やg重(読み方は「グラムじゅう」)を重力の単位として使うことも許されています。英語ではkg weight(略はkgw)とg weight(略はgw)と表します。

私たちは、普通、「体重が○○キロだった」などといいますが、科学的にはそれは間違いだということです。もちろん「○○キログラム重だった」が正解。

それから t 秒後の落下距離を測ります。最後に、時間と距離の関係から単位時間当たりの落下速度を計算します。**表1**はその実験結果です。

■表1 重力加速度の実験結果

時間(s)	0	1	2	3	4	5
速度(m/s)	0	9.8	19.6	29.4	39.2	49

表1をグラフにしてみます(**図1**)。縦軸が速度、横軸が時間。すると、原点を通る直線が得られました。直線の傾きが比例定数、すなわち重力加速度(9.8m/s^2)です。重力加速度を記号で表すときは g を使います。

> **比例定数**
> 数学P.18参照。

■図1 重力加速度の求め方

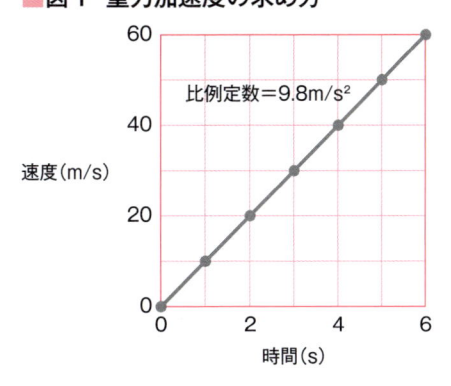

比例定数＝9.8m/s^2

一般に、加速度とは単位時間当たりに速度がどれだけ変化したかということを表す基本用語で、その単位は m/s^2 ですが、念のため、単位の組み立てを再確認しましょう。

$$\text{加速度の単位} = \frac{\text{速度の単位}}{\text{時間の単位}} = \frac{\frac{\text{m}}{\text{s}}}{\text{s}} = \frac{\text{m}}{\text{s} \times \text{s}} = \frac{\text{m}}{\text{s}^2} = \text{m/s}^2$$

物理2 看護の基礎となる力の話

例題 1

それぞれの重力はいくらか。
① 岩石（質量6t）
② リンゴ（質量300g）
③ 1円玉（質量1g）

解いてみよう!!

解答・解説

① [解答] 58800N

[解説] 6t＝6000kg

∴ 重力＝6000kg×9.8m/s²＝58800kg・m/s²＝58800N

② [解答] 2.94N

[解説] 300g＝0.3kg

∴ 重力＝0.3kg×9.8m/s²＝2.94kg・m/s²＝2.94N

③ [解答] 0.0098N

[解説] 1g＝0.001kg

∴ 重力＝0.001kg×9.8m/s²＝0.0098kg・m/s²＝0.0098N

ダイン

ここでダイン（dyne）という単位について復習します。

物理量は長さ、質量、時間が基本という立場で提唱されたのがMKS単位系です（表2）。Mはmeter（＝長さ）、Kはkg（＝質量）、Sはsecond（＝秒）の略。要するに、長さがメートルなら、質量はキログラムを使うという約束事だと思ってください。

これに対して、長さがセンチメートルなら、質量はグラムを使うという約束で提唱されたのがCGS単位系です（表2）。国際単位系はMKS単位系を採用していますが、必要なときはCGS単位系が使用可能です。余談ですが、MKSに電流単位のアンペア（A）を加えた単位系がMKSA単位系です。

このCGS単位系に基づく力の単位がダイン（dyne）で、定義は、1dyne＝質量1gの物体に1cm/s²加速させる力、つまり、dyne＝g・cm/s²です。

> **ダイン**
> ギリシャ語で「力」という意味。

■表2 MKS単位系とCGS単位系

単位系の名称	長さ	質量	時間
MKS単位系	m	kg	s
CGS単位系	cm	g	s

演習問題 1

確認のためもう一度トライ!

質量1gの物体が自由落下するときにはたらく力はいくらか。

正解はP.113をチェック!

Note 2 ベクトル量とスカラー量

運動の「方向＝ベクトル」というテーマについて再確認しましょう。

一般に、物体が運動するとその位置が変わります。例えば高速道路を走る自動車。時速100キロで1時間走ると100キロ移動します。ただし、岡山から出発して東に走った場合と西に走った場合では、移動した距離は同じでも、1時間後の位置はまったく異なります。

つまり「時速100キロで1時間走る」という表現（＝情報）には「どの方向に走るか」という大事な情報が不足しているわけです。物理の教科書に「変位はベクトル量、移動距離はスカラー量」と書かれているのは実はそういうことなのです。ベクトル量とスカラー量の違いを復習したところで、本題に戻ります。

どちらに行くかで移動後の位置は異なる

広島 ← 岡山 → 兵庫

変位
物体が運動して位置が変わるとき、その位置の変化をベクトルで表したもの。

スカラー
向きをもたない距離のこと。移動距離など。

力のモーメント

図2左のように棒の一端（O点）を固定して、棒がO点のまわりを自由に回転できるようにします。この棒の他端（A点）に力（F）を加えると、力がO点のほうを向いていない限り、棒は回転します。このように力が物体を回転させるようにはたらくとき、このはたらきの大きさを力のモーメント（別名はトルク）といいます。力のモーメントの大きさは力と棒の長さの積で決まります。

トルク
ラテン語で「ねじれる」という意味。

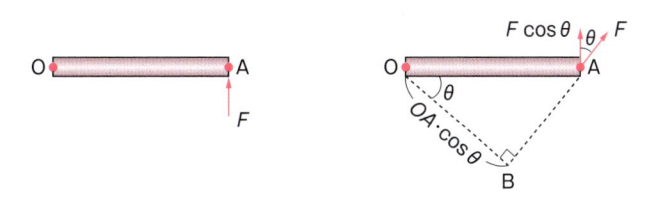

■図2 力のモーメント

力の向きが棒と直角の場合が最大で、

> 力のモーメントの大きさ＝棒の長さ×力

が成り立ちます。

もし、力の向きが棒に垂直ではなく、垂直方向から角度（θ）だけずれている場合（**図2右**）は、力の垂直成分が棒を回転させるはたらきをするので、

> 力のモーメントの大きさ＝棒の長さ×（$F \times \cos\theta$）

となります。ところで、図2右から、

> 棒の長さ×$\cos\theta$＝O点とB点の距離

なので、

> 力のモーメントの大きさ＝O点とB点の距離×F

と表すことも可能です。このようなO点とB点の距離を**腕の長さ**といいます。

力のモーメントの大きさは、**距離**（単位はメートル、m）と**力**（単位はニュートン、N）の積で決まるので、その単位は**Nm**です。仕事の単位の項で復習するジュール（J）も力（N）と距離（m）の積で決まりますが、力のモーメントの大きさはジュールとは呼ばない約束です。

解いてみよう!!

例題2 四肢に障害がない患者を仰臥位から側臥位に体位変換するときの姿勢を図に示す。適切なのはどれか。

1. 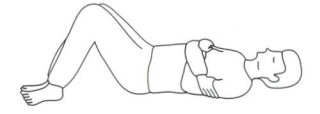
2. 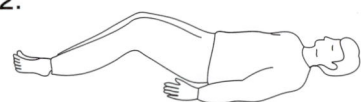
3. 
4.

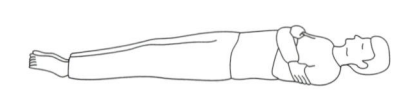

（第102回午後問題35）

解答・解説

[解答] 1

[解説] P.59で紹介した問題に類似の問題です。力のモーメントを体位変換でおさらいしてみましょう。

最も大切なのは、膝を垂直に近くなるほど立てることです。それにより、腕の長さが長くなり、力のモーメント（トルク）が大きくなります。

1. 腕の長さが長くなり、トルクが大きくなる
2. 腕の長さが小さく、トルクも小さい
   より力がかかる!

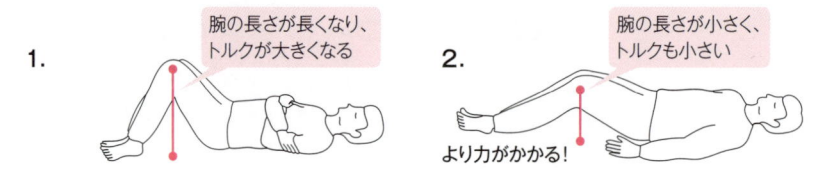

そして、できるだけ身体がコンパクトになるように、前腕を組んでもらうなどすることが重要です。

解いてみよう!!

例題 3

図は立位で5kgのダンベルを持ち水平位に保持している。

肩関節外転筋群が作り出している反時計回りの力のモーメントで正しいのはどれか。（1kg重＝10Nとする）

1. 16.8Nm
2. 18.3Nm
3. 30.0Nm
4. 31.5Nm
5. 75.0Nm

（第41回理学療法士国家試験午前問題5）

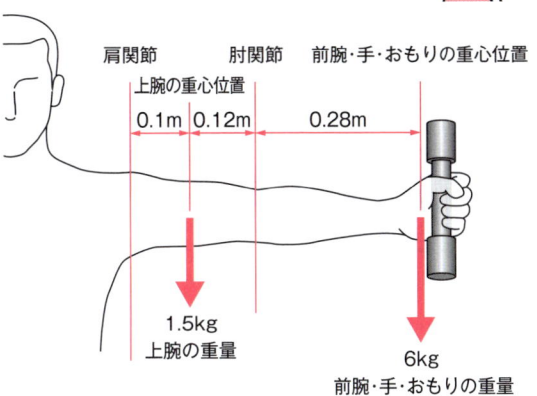

解答・解説

[解答] 4

[解説] 上腕の重心位置での時計回りの力のモーメントは、

$1.5\text{kg}重 \times 0.1\text{m} = 1.5\text{Nm}$

前腕・手・おもりの重心位置での力のモーメントは、

$6\text{kg}重 \times (0.1 + 0.12 + 0.28)\text{m} = 6\text{kg}重 \times 0.5\text{m} = 30\text{Nm}$

∴ 求める力のモーメント＝1.5＋30＝31.5Nm

── したがって、正解は4。

注意事項：この問題では1kg重＝10Nと指定されていますが、正確には9.8Nです。

確認のためもう一度トライ！ 演習問題 2

問題 1

背臥位で右下肢挙上位を保持している図を示す。各部の重量、重心位置、股関節軸心からの水平距離を示している。下肢の合成重心（A）から股関節軸心（B）までの距離を求めよ。ただし、小数点以下第3位を四捨五入する。

（第42回理学療法士国家試験午前問題5を改変）

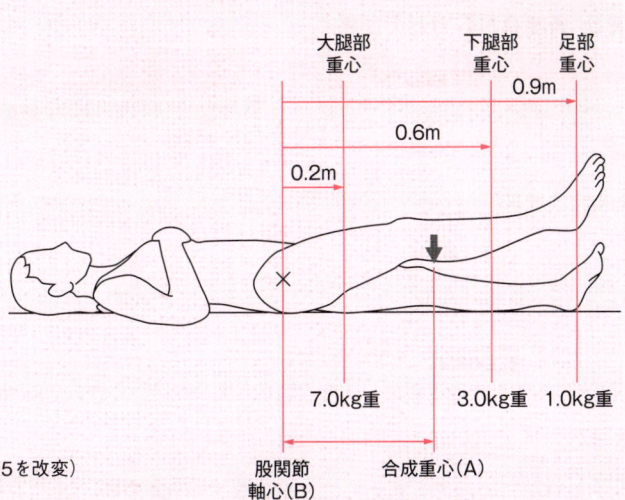

問題 2	図のように前腕を水平にして玉を保持している。手と前腕および玉の合成重心にRニュートンの力がかかっている。肘関節にかかる力F（ニュートン）はRの何倍か。

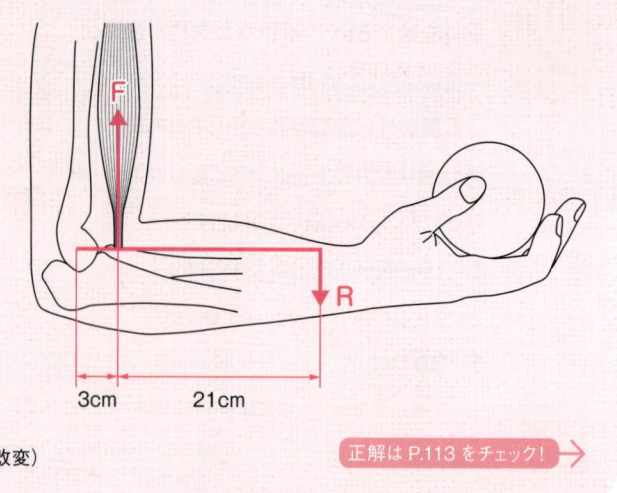

（第43回理学療法士国家試験午前問題4を改変）

正解はP.113をチェック！

力の合成と分解

　図2（P.65）のように力は分解できますが、合成することも可能です。ある物体を2人で持ち上げる場合の模式図（**図3A**）を使って説明します。力1（F_1）と力2（F_2）は持ち上げる力、角度θは力の方向と垂直方向のなす角度です。このような状況で物体を真上に持ち上げる力（＝合力）は以下の式で表されます。

> 合力＝力1の垂直成分＋力2の垂直成分
> 　　＝（$F \times \cos\theta$）×2

　Fが1Nの場合の角度θと合力の関係を**表3**にまとめました。

■表3　角度θと合力との関係

θ(°)	合力(N)	θ(°)	合力(N)
0	2.000	75	0.518
15	1.932	90	0.000
30	1.732		
45	1.414		
60	1.000		

　表3からも明らかなように、角度が60°の場合には2人で1人分の力しか発揮できません。
　合力は作図によっても求めることができます（**図3B**）。考え方は平行四辺形の対角線の求め方と同じです。

■図3　力の合成と分解

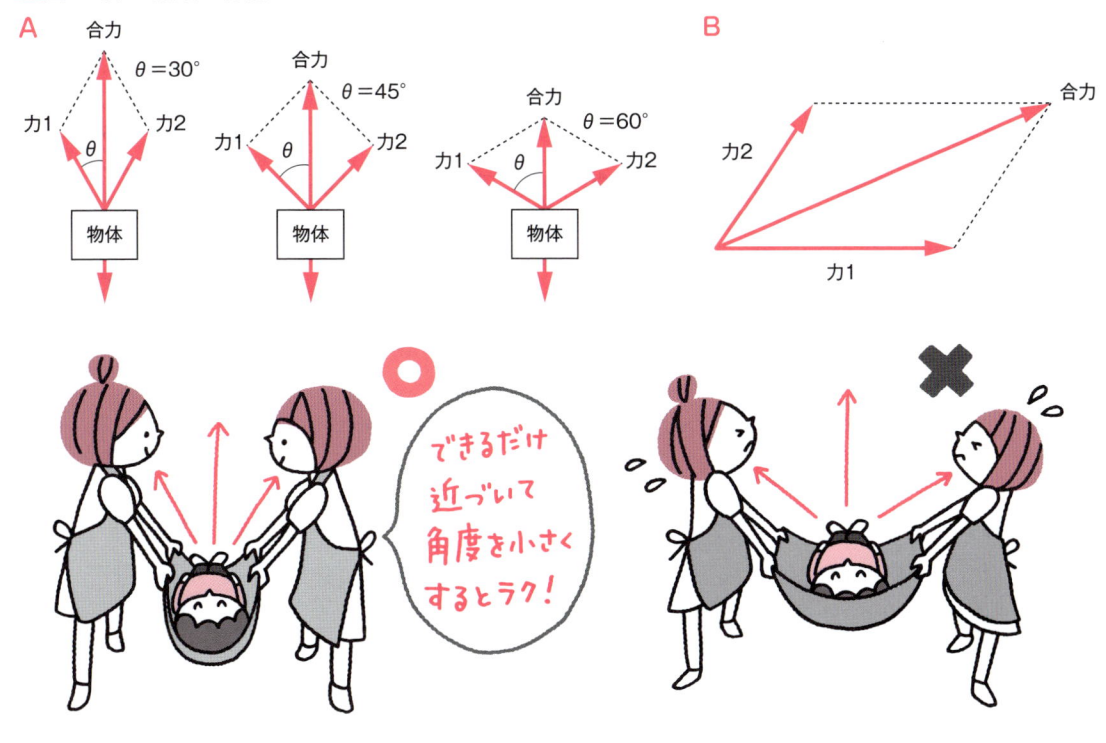

A

合力　θ＝30°
力1　θ　力2
物体

合力　θ＝45°
力1　θ　力2
物体

合力　θ＝60°
力1　θ　力2
物体

B

合力
力2
力1

○　できるだけ近づいて角度を小さくするとラク！

×

物理2　看護の基礎となる力の話

Note 3

三角関数

　直角三角形の角の大きさから辺の比を計算する方法を三角関数といいます。例えば、∠Cを直角とする直角三角形△ABCにおいて、∠Aをθ、辺ABをh、辺BCをa、辺CAをbとすれば、

$$\sin\theta = \frac{a}{h}$$
$$\cos\theta = \frac{b}{h}$$
$$\tan\theta = \frac{a}{b} = \frac{\sin\theta}{\cos\theta}$$

と表されます。

　それぞれの読み方はサイン（英語ではsine、日本語では正弦、以下同様）、コサイン（cosine、余弦）、タンジェント（tangent、正接）。なお、ピタゴラスの定理（$a^2 + b^2 = h^2$）を用いれば、$\sin^2\theta + \cos^2\theta = 1$が成立します。

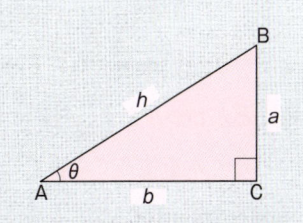

ピタゴラスの定理
直角三角形の3辺の長さの関係式を表す式。

69

圧力

単位面積を垂直に押す力が圧力です。

単位はパスカル（Pa）で、単位面積（m²）に1Nの力が作用したときの圧力を1Paとする約束です。気圧、水圧、血圧、体圧など看護とは切っても切り離せない重要なキーワードが登場します。まず気圧を復習しましょう。

気圧

底面積が1cm²、高さが76cmの水銀柱を考えてください。

76cmとは大気が水銀を押し上げたときの水銀柱の高さです。この水銀柱の体積は76cm³──計算方法は76cm×1cm²＝76cm³です。

さて、基本用語の項で説明したように、物質の密度とは物質の単位体積当たりの質量です。水銀の場合は13.6g/cm³。したがって、水銀76cm³の質量はいくらかというと、

$$\begin{aligned}
水銀76cm^3の質量 &= 水銀の密度 \times 水銀の体積 \\
&= 13.6g/cm^3 \times 76cm^3 \\
&\fallingdotseq 1033g \\
&= 1.033kg
\end{aligned}$$

つまり、1.033kg重の水銀柱が底面積1cm²を押している（1.033kg重/cm²）ということです。

では、この状況をN/m²という単位での話に変えてみましょう。kg重をNに換算するには9.8をかければいいので簡単です。問題はcm²からm²への換算ですが、換算率は0.0001（＝10^{-4}）です。つまり、1cm²＝10^{-4}m²。

$$\begin{aligned}
1.033kg重/cm^2 &= 1.033 \times 9.8 \times \left(\frac{1}{10^{-4}}\right) \\
&= 10.1234 \times 10^4 \\
&= 101234 \text{（単位はN/m²）} \\
&= 101234 \text{（単位はPa}\quad \because N/m^2 = Pa\text{）} \\
&= 1012.34 \times 10^2 \text{（単位はPa）} \\
&= 1012.34 \text{（単位はhPa}\quad \because 100Pa = 1hPa\text{）}
\end{aligned}$$

以上から、大気が水銀を押し上げる力（＝1気圧）は約1013ヘクトパスカルだということがわかります。

水銀ではなく水を使って実験すると、水の密度は1g/cm³（水銀の$\frac{1}{13.6}$）なので、水銀柱76cmに相当する高さは76cmの13.6倍、つまり1033.6cm（約10m）になります。このことは、水中では10m深くなるごとに水圧が1013ヘクトパスカルずつ増すことを意味しています。

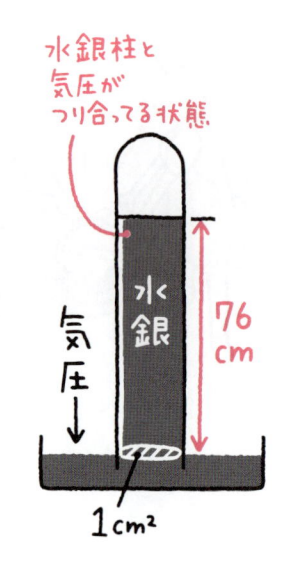

パスカルの原理

閉じ込められた液体の一部に加えられた圧力は、その液体の各部に同じ大きさで伝わります。これが**パスカルの原理**で、油圧装置などに応用されます。つまり、この原理を応用すると、小さな力で非常に重たい物を持ち上げることができるのです。

アルキメデス
古代ギリシャの数学者。

アルキメデスの原理

紀元前のギリシャで発見された原理で、「水中の物体はその物体が押しのけた水の質量だけ軽くなる」ということです。この原理は水だけでなくすべての液体に当てはまります。つまり、水よりも比重が大きな液体、例えば海水中では、より大きな浮力が得られます。アラビア半島にある死海では塩分濃度がさらに高いので（なんと普通の海水の10倍）、浮き輪なしでプカプカ浮くことができます。

血圧

図4は上腕動脈圧の模式図です。心臓が収縮して血液を駆出している収縮期で**最大**に、拡張して心臓内に血液を貯めている拡張期で**最低**になるため、最大値を**収縮期血圧**（略称はBPs：blood pressure, systolic）、最低値を**拡張期血圧**（略称はBPd：diastolic blood pressure）と呼びます。表記方法はBPs/BPdがポピュラー。図4の場合は120/80mmHgです。

血圧は、動脈内に圧力トランスデューサーを挿入して直接測定する方法と、マンシェットと聴診器を使って間接的に測定する方法がありますが、後者については音の項（P.97）で説明します。

■ 図4　上腕動脈圧の模式図

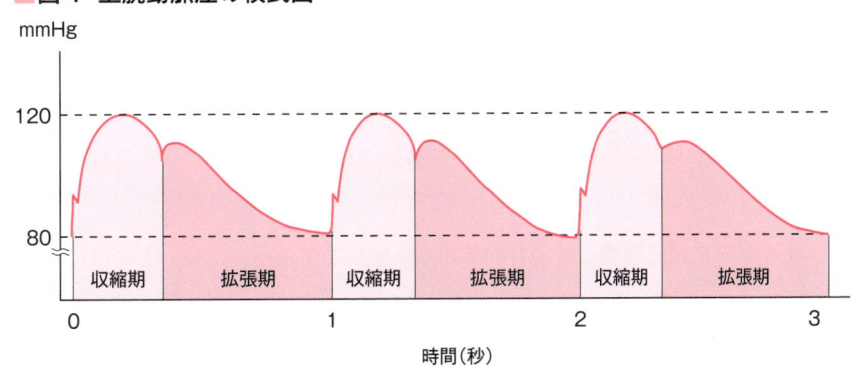

物理2　看護の基礎となる力の話

仕事（ジュール）と仕事率（ワット）

物体に一定の力Fニュートン（N）を加えながら、力の向きにsメートル（m）動かしたとき、「力は物体にFsの仕事をした」とします。つまり、力のした仕事Wジュール（J）は、$W=Fs$と表します。単位はジュール（J）。仕事W（J）は力F（N）と距離s（m）の積なので、単位同士の関係は、J＝N・mで表します。

> 仕事W（J）＝力F（N）×距離s（m）

図5は、力Fニュートンと距離sメートルの関係を表すグラフ（F/sカーブ）です。グラフと横軸（s軸）が囲む図形の面積（＝$F×s$）が仕事Wに一致するわけです。

仕事率は単位時間（1秒）当たりにどれだけの仕事をしたかで決まります。仕事率の単位はワット（W）。Wジュール（J）の仕事をするのにt秒（s）かかった場合の仕事率Pワット（W）は$P=\dfrac{W}{t}$と表します。単位同士の関係は、W＝$\dfrac{J}{s}$。

■図5　仕事量の概念

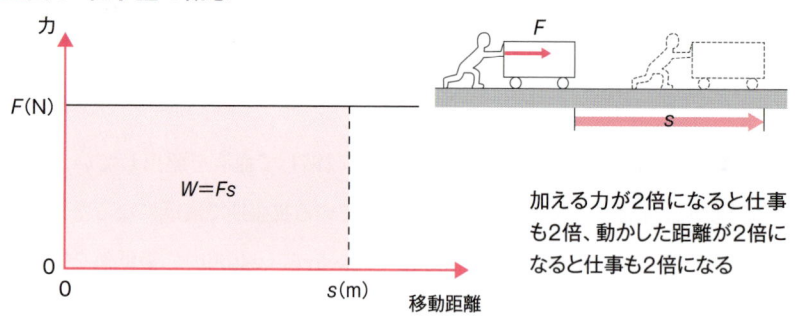

加える力が2倍になると仕事も2倍、動かした距離が2倍になると仕事も2倍になる

力学的エネルギー

風は風車を回すという仕事ができます。1つの物体がほかの物体に仕事をする能力をもつとき、その物体は「エネルギーをもっている」と表現します。つまり、エネルギーとは仕事（＝力）に換算することが可能な物理量を意味します。

風車を回す力を風力、水車を回す力を水力というのはこういう意味なのです。エネルギーが大きいと大きな仕事をすることができるわけですが、その大きさは相手の物体に与えることができる仕事量で表すので、エネルギーと仕事は同じ単位（ジュール、J）を使います。

エネルギーには、運動している物体がもつ運動エネルギー、高いところにある物体がもつ位置エネルギー、バネのような弾性体がもつ弾性エネルギーなどがあります。

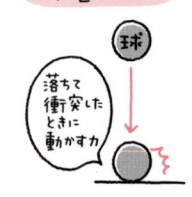

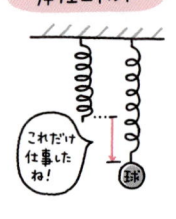

熱エネルギー

物体を加熱すると、原子や分子の動きが激しくなりますが、これを「原子や分子の運動エネルギーが大きくなる」と表現します。加熱によって得たエネルギーが熱エネルギー、その大きさが熱量です。熱はエネルギーの1つの形なので、熱量の単位はジュール（J）です。日常生活で用いられるカロリーに換算するときは、1カロリー＝4.19ジュール、という関係式が使用されます。これを熱の仕事当量といいます。

ボイルの法則

> **ボイルの法則**
> ロバート・ボイル（1627～1691、アイルランドの物理学者）が発見したため、この名前がつけられている。

面積S平方メートル（m^2）の面に力Fニュートン（N）が加わったときの圧力をpパスカル（Pa）とすると、

$$p = \frac{F}{S}$$

で表されます。

数学の項で説明したように、単位同士の関係は、$Pa = N/m^2$。大気圧との間には、

1気圧 ＝ 760mmHg ＝ 1013hPa ＝ $1.013 \times 10^5 N/m^2$

の関係が成立します。温度が一定の場合、「気体の圧力はその体積と反比例する」というのがボイルの法則です（図6）。

■図6 ボイルの法則

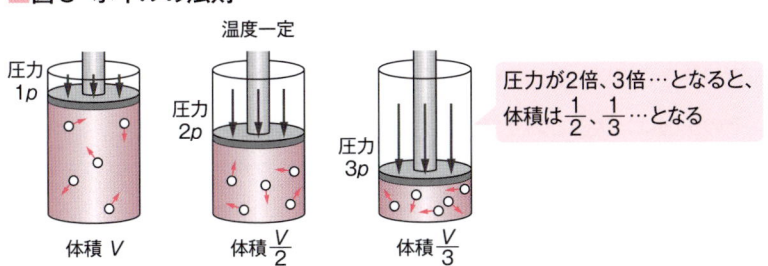

高校の教科書には、

$$pV = K（一定）$$

という公式で書かれています。ここで、pは気体の圧力、Vが気体の体積、Kは定数を意味します。

酸素ボンベ

　平成9（1997）年から「高圧ガス保安法」が施行され、医療用酸素ガスの圧力は国際単位（SI単位＝international system of units）に移行しました。新しい単位は**メガパスカル**（略はMPa）。メガ（略はM）は接頭語で、キロ（略はk）の1000倍。キロは1000倍を意味するので、メガは1000000倍というわけです。ちなみに、MPaと気圧との関係は1：10、つまり1MPa＝10気圧。

　P.37の例題19を見てください。未使用の酸素ボンベの中には15MPa、つまり150気圧の酸素が詰め込まれているわけです。この高圧酸素を1気圧の環境中（＝大気中）に放出したときの体積を酸素ボンベの容積（＝容量）とします。例題19の場合は500Lですが、この500Lがボンベ自体の大きさを意味しているわけではありませんので、くれぐれも注意してください。

　では、ボンベ自体の大きさを計算するにはどんな基礎知識が必要でしょう。それが、高校時代に学んだボイルの法則です。つまり、**同じ温度では気体の体積と気体にかかる圧力の積は一定**。式にすれば、

$$求める体積 \times 150気圧 = 500L \times 1気圧$$
$$\therefore 求める体積 = \frac{500L}{150}$$
$$\fallingdotseq 3.3L$$

これくらいの大きさでないと救急車には持ち込めませんね。

ボイル・シャルルの法則

　ボイルの法則が**定温状態での気体の圧力と体積の関係**なのに対して、**圧力が一定のときの温度と気体の体積との関係を表したのがシャルルの法則**（図7）で、その法則は、次のとおりです。

$$\frac{V}{T} = K（一定）$$

　ここで、Vは気体の体積、Tは絶対温度。つまり、絶対温度を3倍にすると、気体の体積が3倍になるということです。

　ボイルの法則とシャルルの法則は1つの式にまとめることができます（**ボイル・シャルルの法則**）。高校の教科書には、

$$\frac{pV}{T} = K（一定）$$

と書かれているはずです。

シャルルの法則

ジャック・シャルル（1746〜1823、フランスの物理学者）が発見したため、この名前がつけられている。

気体定数

1mol（モル）の気体について、ボイル・シャルルの法則の定数Kの値を求めると、標準状態では、$p=1$気圧$=1atm=1.013\times10^5Pa$、$V=22.4L=2.24\times10^{-2}m^3$、$T=273K$なので、$K=(1.013\times10^5\times2.24\times10^{-2})\div273=8.31J/mol\cdot K$となる。この値を$R$で表わし、**気体定数**と呼ぶ。

理想気体の状態方程式

気体定数を用いると、ボイル・シャルルの法則は、$\frac{pV}{T}=R$（または$pV=RT$）と表される。一般に、気体がnモル（n mol）の場合には、気体の量がn倍になるので、$pV=nRT$という等式が成立する。この式は**理想気体の状態方程式**と呼ばれる。

■ 図7 シャルルの法則

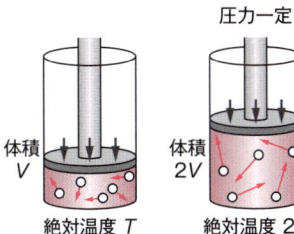

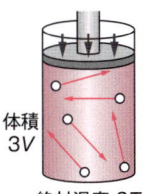

圧力一定

体積 V 絶対温度 T
体積 $2V$ 絶対温度 $2T$
体積 $3V$ 絶対温度 $3T$

絶対温度が2倍、3倍…となると、体積も2倍、3倍…となる

確認のためもう一度トライ！ **演習問題 3**

ガラス製の容器を加工して図のような装置をつくった。容器の中に吊るした風船にはガラス管が連結されている。初期状態では容器中の気圧（P_1）と風船の中の気圧（P_2）はともに1気圧とする。ゴム製の膜を引っ張ると風船はどうなるか答えよ。

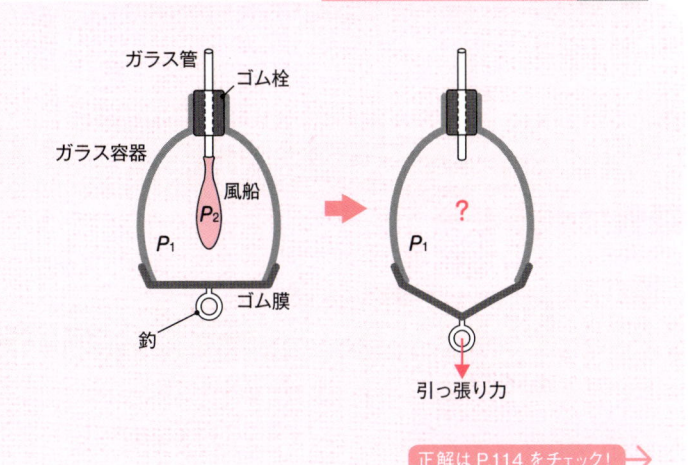

（ガラス管、ゴム栓、ガラス容器、風船 P_2、P_1、ゴム膜、鈎）
（引っ張り力）

正解はP.114をチェック！

理想気体1モルの体積

気体の圧力、体積、温度は気体の種類に無関係で、気体のモル数によって決まる。つまり、標準状態では、酸素O_2、窒素N_2、水素H_2はどれも1モルならば22.4Lである。

分圧の法則

温度が等しい2種類の気体を混合した場合、それぞれのモル数と圧力をn_A、n_B、p_A、p_B、混合後の圧力をp、体積をVとして、気体の状態方程式を考えると、

$$p_A V = n_A RT$$
$$p_B V = n_B RT$$
$$pV = (n_A + n_B) RT$$

これら3式から、

$$p = p_A + p_B$$

が成立します。一般に、容器中の混合気体の圧力は各気体成分の圧力（これを**分圧**と呼びます）の和に等しくなり、このような関係を**分圧の法則**と呼びます。

看護に必要な
物理

第3章

看護の基礎となる電気の話

看護の現場ではさまざまな医療機器を用います。とっつきにくい医療機器も、電気のしくみがわかれば身近に感じられますし、何より安全に使用するための根拠がわかるようになります。

電気

電気エネルギー

導体（＝電気をよく通す物質）に電流が流れると熱が発生しますが、これがジュール熱です。単位はジュール（J）。この現象は、電気ストーブや電気アイロンなど私たちの身のまわりで利用されています。電流はジュール熱を発生させるだけでなく、いろいろな仕事をすることができます。

電流が単位時間にする仕事が電力です。電気器具は、電気エネルギーをほかのエネルギーに変換する装置ということですが、電気器具が単位時間に消費するエネルギーを消費電力といいます。単位はワット（W）。

電子

物質はすべて原子から構成されています。原子の質量の小さいほうから順につけた番号が原子番号で、いちばん質量が小さいのが原子番号1の水素原子です。表1のような周期律表ではいつも最上段の左端にリストアップされています。

一般に、原子番号Zの原子の原子核はZ個の陽子をもち、そのまわりをZ個の電子が回っています（図1）。陽子の質量は電子の約1836倍（1.67×10^{-27}kg）もあるのに、その陽子を含む原子核の直径は全体の直径の1万分の1～10万分の1しかありません（図2）。

表1は、正式な周期律表のごく一部を抜粋したもので、17種類の原子が掲

載されているだけですが、よくみると水素以外の原子の質量数（原子量）はその原子の原子番号より大きいことがわかります。つまり、原子核は陽子だけでなく、陽子とほぼ同じ質量で電荷をもたない粒子を含むことがわかります。それが中性子です。

電荷
帯電した物体の電気の量。

図3は窒素原子Nの表記です。記号Nの左下に原子番号の7を、左上に質量の14を表記する約束ですが、この表記から窒素の原子核が7個の中性子をもつことがわかります（∵質量数−原子番号＝14−7＝7）。

■表1 周期律表（一部）

族\周期	1	2	3	4	5	6	7	8	9	10	11	12
1	$_1$H 水素 1.008											
2	$_3$Li リチウム 6.941	$_4$Be ベリリウム 9.012										
3	$_{11}$Na ナトリウム 22.99	$_{12}$Mg マグネシウム 24.31										
4	$_{19}$K カリウム 39.10	$_{20}$Ca カルシウム 40.08	$_{21}$Sc スカンジウム 44.96	$_{22}$Ti チタン 47.87	$_{23}$V バナジウム 50.94	$_{24}$Cr クロム 52.00	$_{25}$Mn マンガン 54.94	$_{26}$Fe 鉄 55.85	$_{27}$Co コバルト 58.93	$_{28}$Ni ニッケル 58.69	$_{29}$Cu 銅 63.55	$_{30}$Zn 亜鉛 65.39

原子量は、物質1モル当たりの質量（g）を表しています。同位体（＝同じ原子核でも、質量数の異なる原子核がある場合があり、そのような原子核を互いに同位体と呼びます）が存在する原子は、それらの存在比で平均した値になっています。

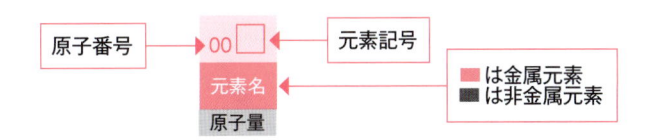

原子番号 → 00 ← 元素記号
元素名
原子量

■は金属元素
■は非金属元素

数研出版編集部 編：フォトサイエンス物理図鑑 改訂版．数研出版，東京，2008 より引用

■図1 原子核のまわりを飛び回る電子の模式図

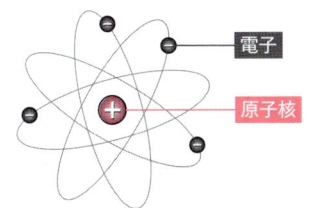

電子
原子核

■図2 原子核の大きさ

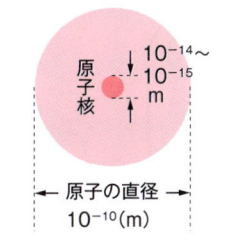

原子核 10^{-14}～10^{-15} m
原子の直径 10^{-10}(m)

■図3 窒素原子の表記法

質量数 14
原子番号 7 N
原子記号

物理3 看護の基礎となる電気の話

自由電子と導体

　金属は金属原子が整然と並んだ結晶構造をしていますが、原子核から遠い軌道(きどう)を周回している電子は金属原子から離れやすい性質をもっているため、特定の原子に属さないで金属内を自由に動き回ることができます。これが自由電子です。

■表2　物質の抵抗率(単位はΩ・m)

導体	金	$2.1×10^{-8}$
	銀	$1.5×10^{-8}$
	アルミ	$2.5×10^{-8}$
	銅	$1.6×10^{-8}$
	ニクロム	$100×10^{-8}$
不導体	ガラス	$10^{9}〜10^{12}$
	ナイロン	$10^{8}〜10^{13}$

　一方、金属原子自体は電子を失って陽イオン化します。この状態で、金属体の2点に電池のプラス極とマイナス極を接続すると、自由電子はプラス極に向かって移動します。これが電流です。金属のように電気をよく通す物質を導体と呼びます。表2は代表的な導体(金、銀、銅、アルミ、ニクロム)の抵抗率一覧表です。参考までに代表的な不導体(ガラスとナイロン)の抵抗率も示していますが、不導体では自由電子の量が非常に少ないと考えてください。

　ところで、プラスチックの下敷きで髪の毛をこすると髪の毛が逆立つのはよく知られていますが、これは下敷きが電気を帯びたためです。一般に、2つの異なる物質をこすり合わせると、一方が正電荷、他方が負電荷を帯びます。これが帯電(たいでん)という現象です。普通の状態では不導体、つまり自由電子が少ない物質でも、こするという変化を加えると電気を帯びさせることができるわけです。ガラス棒と絹布の組み合わせでは、ガラス棒が正、絹布が負に帯電し、エボナイトと毛皮の組み合わせでは、エボナイトが負、毛皮が正に帯電します。帯電した物体(帯電体)では電気は表面にとどまって動きません。これが静電気(せいでんき)です。

　帯電体の近くにほかの電荷を近づけると、その電荷は静電気力を受けます。帯電体のまわりの空間ではどこでも電荷に静電気力を及ぼすことができるので、電場(でんば)、または電界(でんかい)と呼びます。

イオン
ギリシャ語で「移動」という意味。原子や分子が電荷し、陰極や陽極に動くことから名づけられた。

抵抗率
物質の電気の通しにくさを表すもの。単位はΩ・m。

Note 4

帯電列（静電序列）

帯電列(静電序列)とは、正(＋)に帯電しやすいものを上位に、負(－)に帯電しやすいものを下位に並べた序列表のことです。これを利用すると、2つの異なる物質をこすり合わせたとき、どちらが正に帯電するかを判断できます。

ガラスと絹布の組み合わせではガラスが上位、エボナイトと毛皮の組み合わせでは毛皮が上位のため正に帯電するというわけです。

電気量の単位

電気量の最小単位を**電気素量**（略称はe）と呼び、1.6×10^{-19}Cの絶対値で表されます。さきほど、原子番号Zの原子の原子核はZ個の陽子をもち、そのまわりをZ個の電子が回ると書きましたが、この原子ではZ個の電子の電気量は$-eZ$クーロン、Z個の陽子の電気量はeZクーロンということができます。

解いてみよう!!

例題 4 電子1モルの電気量はいくらか。

[解答・解説]

[解答] 96472C/mol

[解説] 求める答えは電気素量(e)とアボガドロ数(N_A)の積で与えられます。それぞれの値はP.61に紹介していますが、ここでは小数点第3位まで用いて計算してみましょう。

$$電子1モルの電気量 = -e \times N_A$$
$$= -1.602 \times 10^{-19} \times 6.022 \times 10^{23}$$
$$\fallingdotseq -96472 （単位はC/mol）$$

これが**ファラデー定数**です。通常は96500C/molとして計算します。

確認のためもう一度トライ! 演習問題 4

神経細胞のイオンチャネルが開いてナトリウムイオンが5pC流入した。流入したナトリウムイオンは何個か。 ∵ PC＝10^{-12}C

正解はP.115をチェック!

物理 3 看護の基礎となる電気の話

電流

電流とは

電流の正体は電荷の移動です。電流の向きは電場の向き、つまり正電荷が流れる向きとする約束です。金属導体では電荷の担い手は自由電子。つまり、自由電子の流れる向きの反対方向が電流の流れる方向ということです。食塩水などの電解質溶液中ではイオン（ナトリウムイオンが正電荷、塩素イオンが負電荷）が電荷の担い手です。

電流の単位はアンペア（A）。導体中を1秒間に1クーロン（C）の電気量が流れるときの電流量を1アンペア（A）とします。

したがって、単位の組み立ては、アンペア ＝ クーロン／秒 （$A = \dfrac{C}{s}$）。演習問題4の解説2で1Cを運ぶのに必要な電子の数を計算すると6.24×10^{18}個でした。ということは、1アンペア（A）とは導体中を1秒間に6.24×10^{18}個の電子が流れることなのです。

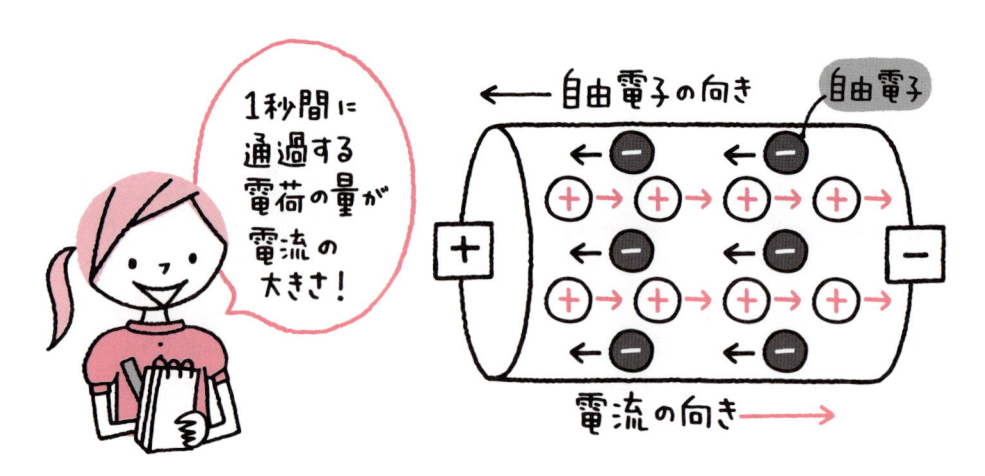

1秒間に通過する電荷の量が電流の大きさ！

演習問題 5 — 確認のためもう一度トライ！

断面積1cm²の銅線に100Aの電流が流れているとき、銅線中の自由電子の平均移動速度はいくらか。ただし、銅線中の自由電位の密度は8.5×10^{28}個/m³、電子の電荷は-1.6×10^{-19}Cとする。

正解はP.115をチェック！

オームの法則

1826年、ドイツの物理学者オームは、金属線を流れる電流量は金属線の両端の電圧（ボルト、V）に比例することを発見しました。これが有名なオームの法則です。等式にすると、次のようになります。

$$V = IR \quad 電圧(V) = 電流(A) \times 電気抵抗(\Omega)$$

ここで出てくる R は抵抗（電気抵抗）という新しい物理量で、単位はオーム（Ω）。電流の流れにくさを示しています。R 値が一定のとき、電圧値を縦軸とする電圧/電流曲線（V/I カーブ）は直線（比例関係）になるのに対して、V 値が一定のとき、電流値を縦軸とする電流/抵抗曲線（I/R カーブ）は双曲線（反比例関係）になります。つまり、同じ電圧でも、電気抵抗が2倍、3倍となると、電流は1/2、1/3となり、反対に、電気抵抗が1/2、1/3となると、電流は2倍、3倍になるというわけです。演習問題⑥問題1・2（P.82）を解いて確認してみましょう。

> **オームの法則**
> ドイツの物理学者オーム（1789〜1854）が発見したことによる。

直列に接続された抵抗の合成抵抗

抵抗を峠、電流を旅人にたとえると、峠が連なれば連なるほど旅がきつくなるのと同じで、複数の抵抗を直列に接続した場合の合成抵抗はそれぞれの抵抗値の和に等しくなります（P.82図4）。

したがって、例えば、3つの抵抗（100Ω、200Ω、300Ω）を直列に接続すると、合成抵抗は600Ω（∵ 100 + 200 + 300 = 600）に増加します。

> **電気用図記号**
> 回路を書くときに便利なのが電気用地図記号である。
> 電池または電源（電流が流れる向き、マイナス極(−)、プラス極(+)）
> 抵抗
> スイッチ
> 電球 ⊗
> 電流計 Ⓐ
> 電圧計 Ⓥ

並列に接続された抵抗の合成抵抗

抵抗を並列に接続するということは、電流の通り道が太くなることと同じなので、複数の抵抗を並列に接続した場合の合成抵抗はそれぞれの抵抗値より減少します（P.82図5）。2つの抵抗（R_1、R_2）を並列に接続した場合の合成抵抗を R とすると、$\frac{1}{R} = \frac{1}{R_1} + \frac{1}{R_2}$ の関係が成立するので、しっかり復習しましょう。

■図4 直列に接続された抵抗の合成抵抗

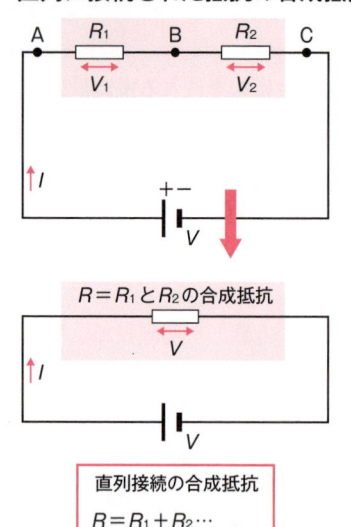

■図5 並列に接続された抵抗の合成抵抗

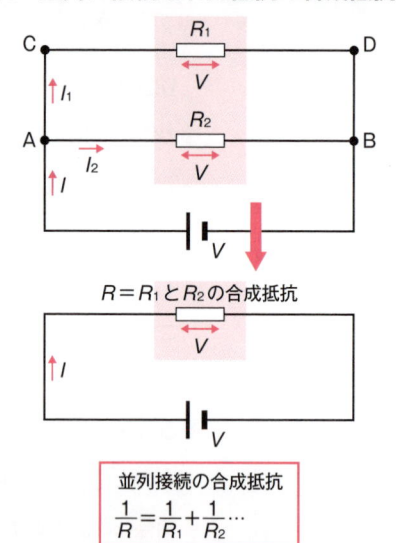

$R = R_1 と R_2 の合成抵抗$

直列接続の合成抵抗
$R = R_1 + R_2 \cdots$

並列接続の合成抵抗
$\dfrac{1}{R} = \dfrac{1}{R_1} + \dfrac{1}{R_2} \cdots$

確認のためもう一度トライ！ 演習問題 6

問題1 4種類の抵抗R（0.5Ω、1Ω、2Ω、3Ω）について、抵抗を流れた電流Iとそのときの電圧降下Vの関係をグラフで表せ。グラフの縦軸は電圧V、横軸は電流Iとする。

問題2 抵抗Rの両端に10Vの電圧をかけたとき、電流と抵抗の関係をグラフで表せ。横軸を抵抗R、縦軸を電流Iとする。

問題3 2個の抵抗R_1、R_2と電池(E)を回路図のように接続した。R_1が80Ω、R_2が120Ω、Eが10Vとすると、R_1を流れる電流はいくらか。またA点をアースすると、B点の電位はいくらか（アースの電位は0とする）。

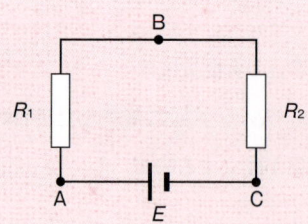

ヒント：電流は、$E→A→R_1→B→R_2→C$と一本道に流れています。

問題4 3個の抵抗2Ω、4Ω、12Ωと電池（6V）を回路図のように接続した。R_3を流れる電流はいくらか。

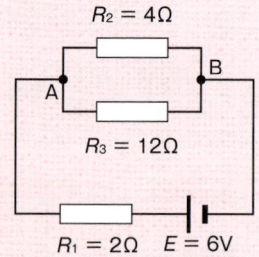

$R_2 = 4Ω$
$R_3 = 12Ω$
$R_1 = 2Ω$　$E = 6V$

ヒント：電源から流れ出た電流はA点で枝分かれし、B点で合流します（＝つまり、AB間は並列）。AB間の合成抵抗とR_1は直列の関係です。

正解は P.115 をチェック！

コンデンサー

コンデンサー

電気回路のなかでも重要なものの1つ。電気を蓄える機能をもつ。コンデンサーは絶縁体を挟んだ1組の導体間に電荷として電気を蓄えている。そのため、蓄える電気量は小さいが、速い速度で充放電を何度も繰り返すことができる。電気回路の電圧を安定させたり、電気信号の波形を変えて、必要な信号を処理したりするのに用いられる。

図6は構造が最も単純な平行板コンデンサーの模式図です。面積 S (m²)の極板が距離 d (m)を隔てて平行に置かれています。コンデンサーの両端に電圧 V を加えると、電池のプラス側に $+Q$、マイナス側に $-Q$ の電荷がたまります。コンデンサーの容量 C は、

$$C = \frac{Q}{V} \qquad 容量 = \frac{電気量}{電圧}$$

で表されます。容量 C の単位を**ファラッド**(記号は**F**)と呼びますが、単位の組み立ては Q が**クーロン**(**C**)、V が**ボルト**(**V**)なので、$F = \frac{C}{V}$ となります。

■図6 平行板コンデンサー

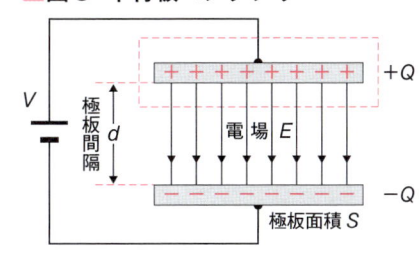

■図7 生体膜の電気的モデル

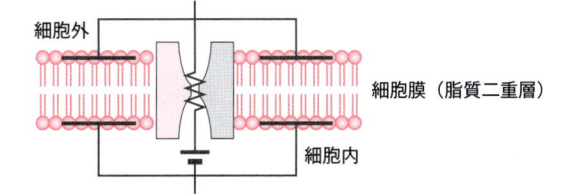

人体のコンデンサー

人体でコンデンサーとしてはたらいているものの代表例が**細胞膜**です。細胞膜は**リン脂質の二重層**で構成され、イオンチャネルやナトリウムポンプなどの機能性タンパク質はそのなかに点在します(図7)。脂質層は電気的には絶縁体ですが、コンデンサー(単位面積当たり $1\mu F/cm^2$)として機能します。これが**膜容量**です。

脂質二重層の部分がコンデンサーとして描かれています。電池は静止電位、抵抗はイオンチャネルに相当します。

物理3 看護の基礎となる電気の話

電流と磁場

電流がつくる磁場

電荷により静電気力を生むように変化した空間が「電場」ですが、磁石の場合は「磁場」といいます。導線を流れる電流は、導線と垂直な平面上に、導線を中心とする同心円状で、電流の向きに対して右回りの磁場を発生します。これが「右ねじの法則」です(図8)。

磁場の強さと導線からの距離の間には反比例式が成立します。比例定数は $\frac{1}{2\pi}$、つまり等式にすると、

$$磁場の強さ \times 導線からの距離 = \frac{1}{2\pi}$$

となります。

■図8　右ねじの法則

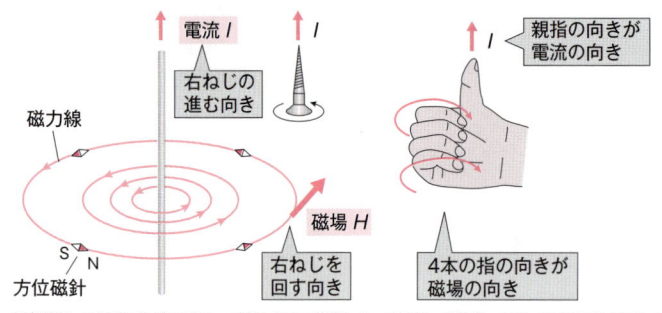

近角聰信, 三浦登：シグマベスト　理解しやすい物理Ⅰ・Ⅱ　改訂版. 文英堂, 東京, 2008：28 図25より引用

電流が磁場から受ける力

磁場中の導線に電流が流れると、その導線は磁場から力を受けます(図9)。力の方向はフレミングの左手の法則(Fleming's left hand rule)に従います。図9下段のように、左手の親指、中指、示指をそれぞれに対して直角に開いたとき、中指が電流の向きで、示指が磁場の向きだとすると、親指が力(電磁力)の向きだとする法則です。

英語ではcentral finger（中指）＝current（電流）、first finger（示指）＝field（磁場）、thumb（親指）＝thrust（推力＝磁力）と語呂合わせします。フレミングの法則には左手の法則と右手の法則がありますが、単にフレミングの法則といった場合は左手の法則を意味します。

フレミング

ジョン・アンブローズ・フレミング（1849～1945、イギリスの物理学者）が考案したため、この名前がつけられている。

■ 図9 フレミングの法則

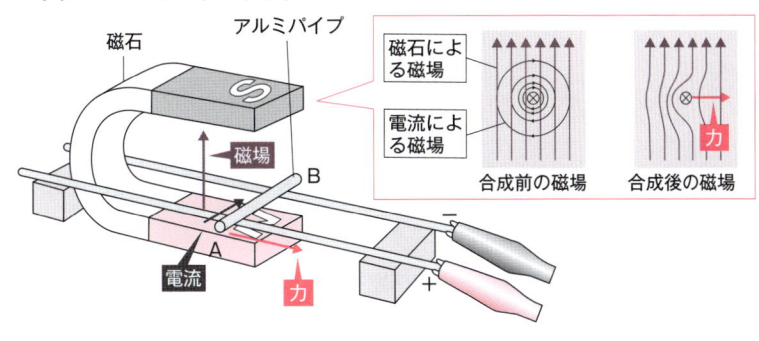

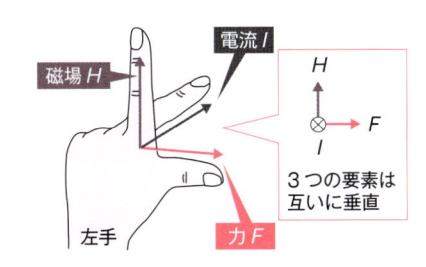

近角聰信, 三浦登：シグマベスト　理解しやすい物理I・II　改訂版. 文英堂, 東京, 2008：30 図29, 図30 より引用

Note 5

心電図への応用1　フレミングの法則

　心電計は看護の現場では最も身近な物理学です。心電図の父といわれているアイントホーフェン博士（W Einthoven、1860～1927）が心電計のプロトタイプを開発したのは1903年ごろですが、それは弦線電流計（string galvanometer）と呼ばれました（文献5参照）。

　生体電気が弦線を流れたとき、その弦線が磁石のつくる磁場中にあれば、弦線は電磁力を受けて動きます。電磁力は電流の大きさと方向により決まります（フレミングの左手の法則）。したがって、弦線の動き（どの方向にどの程度動くか）を測定すれば、電流の大きさと方向がわかります。弦線の動きが逆転すれば、それは電流の方向が逆転したことを意味します。アイントホーフェン博士は後年、ノーベル生理学・医学賞を授与されました。

交流と電磁波

キルヒホッフの法則

キルヒホッフの法則は、抵抗や電池が複雑に接続された電気回路に流れる電流を計算するときに便利な法則です。ロシアの物理学者、キルヒホッフが発見し、第1法則と第2法則があります。例題を解きながら復習しましょう。

解いてみよう!!

例題 5

2つの電池と5つの抵抗を図のように接続した。R_3を流れる電流はいくらか。ただし、回路上の6点に割り振ったアルファベットには、電池のEと混同しないため、Eが抜けている。

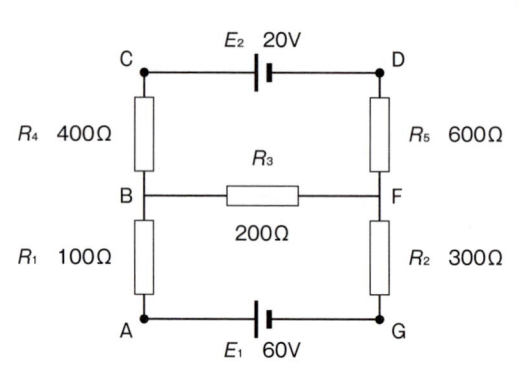

解答・解説

［解答］0.1A

［解説］この問題は難易度が高いようにみえてじつは意外に簡単です。まず、回路に流れる電流(とその方向)を下図のように仮定します。電流が流れる方向は、計算値が正の場合は仮定したとおり、負の場合には仮定した反対向きとなるので、最初はどちら向きでもいいのです。

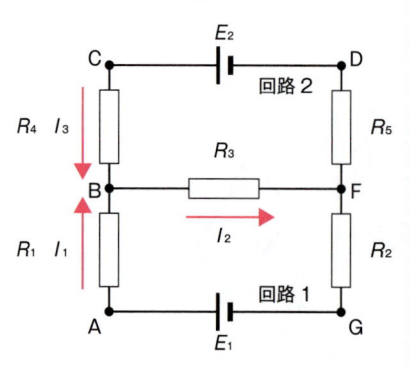

キルヒホッフの第1法則とは「ある1つの電流分岐点に流れ込む電流の総和は、その分岐点から流れ出る電流の総和に等しい」というものです(図10)。

■図10 キルヒホッフの第1法則

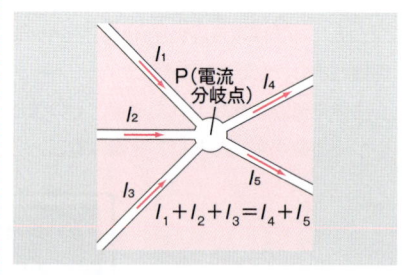

$I_1 + I_2 + I_3 = I_4 + I_5$

第1法則をB点に適応すると、

$I_1 + I_3 = I_2$ ──── 式①

が成立します。

キルヒホッフの第2法則とは「ある任意

■図11 キルヒホッフの第2法則

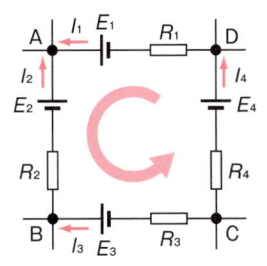

A→B→C→Dの向きに回るとすると、起電力 E_1、E_4は正、E_2、E_3は負、電圧降下$R_1 I_1$は正、$R_2 I_2$、$R_3 I_3$は負となります。
よって、$E_1+(-E_2)+(-E_3)+E_4=R_1 I_1+(-R_2 I_2)+(-R_3 I_3)+R_4 I_4$ が成り立ちます。

の電流回路について、起電力の代数和は抵抗による電圧降下の代数和に等しい」というものです（図11）。

これを、まず回路ABFGA（＝回路1）に適応すると、

$100 I_1+200 I_2+300 I_1=60$ ── 式②

が成立します。式②を展開すると、

$400 I_1+200 I_2=60$

式①を代入して、

$400 I_1+200(I_1+I_3)=60$

$600 I_1+200 I_3=60$

$60 I_1+20 I_3=6$ ── 式③

になります。

キルヒホッフの第2法則を回路CBFDC（＝回路2）に適応すると、

$400 I_3+200 I_2+600 I_3=20$ ── 式④

が成立するので、式②と同様に式①を代入しながら展開すると、

$1000 I_3+200 I_2=20$

$1000 I_3+200(I_1+I_3)=20$

$200 I_1+1200 I_3=20$

$20 I_1+120 I_3=2$ ── 式⑤

になります。これで、変数が2つ（I_1とI_3）の連立方程式が完成したわけです。改めて、式③と式⑤を並べてみます。

$60 I_1+20 I_3=6$ ── 式③

$20 I_1+120 I_3=2$ ── 式⑤

まずI_1を求めるために、式③の両辺を6倍して、それから式⑤を引きます。すると、

$340 I_1=34$

となり、

$I_1=0.1$（＝0.1アンペア）

が求まりました。

これを式③に代入すると、

$60×0.1+20 I_3=6$

$6+20 I_3=6$

$20 I_3=0$

となり、$I_3=0$が求まりました。$I_1=0.1$、$I_3=0$を式①に代入すると、

$I_2=0.1+0=0.1$A

が求まりました。

Note 6

心電図への応用2　キルヒホッフの法則

心電図にはいくつかの有名な物理・化学の法則が応用されています。すでに説明したフレミングの法則やキルヒホッフの法則もそれらのうちの1つです。具体的にはどこに応用されているのでしょうか。

心電図の教科書には、四肢誘導の各波形間には

アイントホーフェンの法則、Ⅱ＝Ⅰ＋Ⅲが成立する（Ⅰ－Ⅱ＋Ⅲ＝0の法則）と記載されていますが、じつはアイントホーフェンの法則の源はキルヒホッフの法則なのです。簡単な数式で説明しますが、詳しくは文献5を参照してください。

右手、左手、左足の電位をそれぞれRA、LA、

物理3　看護の基礎となる電気の話

LLとします。Ⅰ誘導は右手の電位を基準にした左手の電位変化なので、左手の電位から右手の電位を差し引いたLA－RAで表されます。電極の正負で言えば、左手がプラス電極、右手がマイナス電極です。Ⅱ誘導は右手の電位を基準にした左足の電位変化なので、LL－RAで表されます。電極の正負でいえば、左足がプラス電極、右手がマイナス電極です。Ⅲ誘導は左手の電位を基準にした左足の電位変化なので、LL－LAで表されます。電極の正負でいえば、左足がプラス電極、左手がマイナス電極です。以上をまとめると、

　　Ⅰ＝LA－RA ── 式①
　　Ⅱ＝LL－RA ── 式②
　　Ⅲ＝LL－LA ── 式③

となり、式①と式③を式②に代入すると、

　　Ⅱ＝LL－RA＝(Ⅲ＋LA)－(LA－Ⅰ)＝Ⅰ＋Ⅲ

すなわち

　　Ⅰ－Ⅱ＋Ⅲ＝0 ── 式④

が得られます。式④がアイントホーフェンの法則です。

　次はキルヒホッフの法則です。この法則は閉鎖回路を流れる電流に関する法則でしたね。まず右手、左手、左足を3本の導線で結んだ回路を考えます。この回路を閉鎖回路にするためには、Ⅱ誘導の定義を、左足の電位を基準にした右手の電位変化（電極の正負でいえば、右手がプラス電極で左足がマイナス電極）を変更しなければなりません。以上をまとめると、

　　Ⅰ＝LA－RA ── 式①
　　Ⅱ'＝RA－LL ── 式⑤
　　Ⅲ＝LL－LA ── 式③

となり、式①と式③を式⑤に代入すると、

　　Ⅱ'＝RA－LL＝(LA－Ⅰ)－(Ⅲ＋LA)＝－(Ⅰ－Ⅲ)

すなわち、

　　Ⅰ＋Ⅱ'＋Ⅲ＝0 ── 式⑥

が得られます。式⑥がキルヒホッフの法則です。

　以上からアイントホーフェンの法則とキルヒホッフの法則は、Ⅱ誘導の電極の正負が逆なだけで、じつは同じ法則だとわかります。

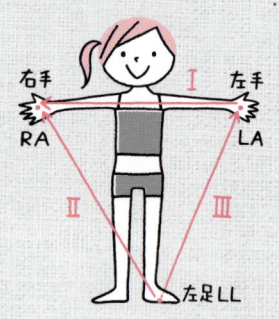

Ⅰ誘導	LA－RA
	左手：⊕　右手：⊖
Ⅱ誘導	LL－RA
	左足：⊕　右手：⊖
Ⅲ誘導	LL－LA
	左足：⊕　左手：⊖

交流電源

　日本の病医院で利用している汎用電源は商用交流100Vです。交流電源は図12下のように一定のリズム（＝周波数、単位はヘルツ、Hz）で電圧が変化します。東日本では50ヘルツ、西日本では60ヘルツです。電圧の変動幅は＋140Vから－140Vまで。100Vとはその実効値のことです。

　コンセントは、図13のように2種類に大別されます。左側がアース可能な3Pコンセント。右は2Pコンセントでアースはできません。

　以下の数項目ではME機器のアースについて復習します。なお、MEとはmedical engineeringの略です。

> **Hz（ヘルツ）**
>
> 周波数、回転数、振動数の単位。
> 1000Hz＝1kHz（キロヘルツ）
> 1000kHz＝1MHz（メガヘルツ）

■ 図12 直流と交流

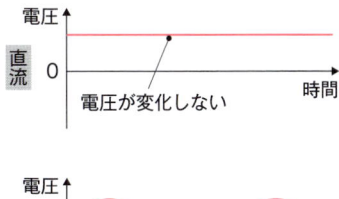

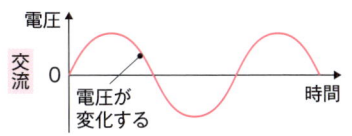

直流: 電圧が変化しない
交流: 電圧が変化する

■ 図13 交流電源のコンセント

左側：アース可能な3Pコンセント　右側：アース不可の2Pコンセント

人体の電気ショック

　乾燥した日にドアの把手に触るとビリッとすることがあります。これは人体に電流が流れたためです。

　人間が感じることができる最小の電流を最小感知電流といい、約1mAだとされています。10mA以上流れると、その電流から逃げるため手を離そうとしても、離れなくなってしまいます。これを離脱電流といいます。さらに100mA以上流れると心室細動を起こします。このように電流が体表面から流入し、再び体表面から流出したときに発生する電気ショックをマクロショックといいます（表3）。

　これに対して、心臓に直接電流が流れ込んだときには0.1mAという非常に小さな電流で心室細動を起こします。このように心臓に直接、流入・流出する際の電気ショックをミクロショックといいます。

　心臓手術や心臓カテーテル検査などの際には、このミクロショックの電流値0.1mAを考える必要があります。これ以下ならば安全だろうとされている値はミクロショックの電流値0.1mAの10%、つまり0.01mAです。これが許容電流値で、ME機器を製造・使用する際の基準になります。

■ 表3　マクロショックの人体反応

電流値（1秒間通電）	反応および影響
1mA	ビリビリと感じる電流（最小感知電流）
5mA	手から手または足に許しうる最大電流（最大許容電流）
10～20mA	持続した筋肉収縮（自力で離脱できる限界＝離脱電流）
50mA	痛み、気絶、激しい疲労、人体構造の損傷の可能性。心臓・呼吸器系統は興奮する
100mA～3A	心室細動の発生、呼吸中枢は正常を維持
6A以上	心筋の持続した収縮、一時的な呼吸麻痺、火傷など

（50Hzまたは60Hz）

青木和夫 編：系統看護学講座　基礎分野　物理学　第6版．医学書院，東京，2009：97 より引用

物理3　看護の基礎となる電気の話

アース

　ME機器と地面とを導線でつなぐことを、「接地する」「アースをとる」といいます。これは、機器の外側に漏れてきた電気(電流)を地面に逃がし、患者や検査者を電気ショックから守るためのものです。アース線がついていないME機器、電源(商用交流100V)、患者、金属ベッドの関係を次のように考えてみます(図14)。

■図14　ME機器のアース

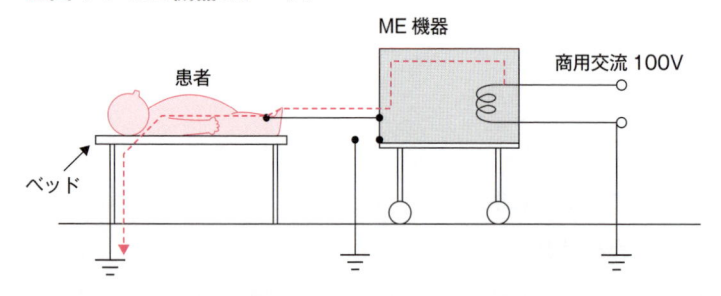

　ME機器内部で電源100Vからの漏電が起こり、機器の外側に漏れ出たとします。漏れた電気(電流)は、患者につながっているコードを通じて患者に伝わります。患者がベッドにさわったり、衣類やマット・シーツ類が濡れていると、漏れた電流はベッドに流れ込み、ベッドのアースを通じて地面に流れます(赤点線)。

　以上のような電流経路を考えると、人体に電流を流さないためには、漏れた電流を機器の外側にある患者につながっているコードではなく、機器につないだアース線に逃がすことが必須です。

　人体の電気抵抗は約1000Ωで、アースの電気抵抗は約0.1Ωです。合成抵抗(限りなく0.1Ωに近い)を考えるまでもなく、電流の大部分が抵抗の低いアース線を流れるのは明らかですね。以上を保護接地といいます。ME機器にはさらに患者保護用のヒューズも備えられているため、大きな漏れ電流が流れると回路が切れるしくみになっています。ヒューズが切れる目安は5mAです。

電源コード

　図15は日本で使用されている代表的な電源コードの模式図です。上段左側が「3P電源コード」と呼ばれているタイプで、コードの中にアース線が入っています。上段右側はアース線が入っていない「2P電源コード」。3P電源コード

は専用コンセントを使用するのが望ましいのですが、2P電源コード用のコンセントでもコンセントのそばにアース端子が付いているタイプなら、そして下段に示したようなアダプターがあれば、問題なく使用することができます。

■ 図15 電源コードの模式図

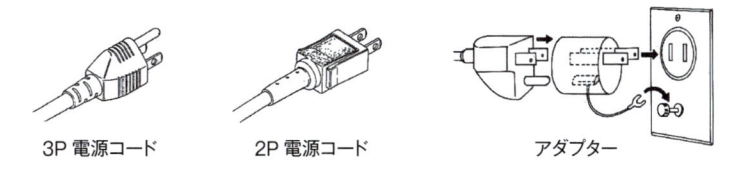

3P 電源コード　　　2P 電源コード　　　アダプター

電磁波

電気的な振動と磁気的な振動が空間を伝わる現象が電磁波です。波長が0.1mm以上の電磁波を電波と呼びます。電波の特性（＝属性）は波長（電磁波1個分の長さのこと。ラムダ、λ）と振動数（周波数、f）ですが、これらと光速（c）の間には次のような等式が成立します。

$$光速（c）＝周波数（f）×波長（\lambda）$$

■ 図16 いろいろな電磁波

波長	1km	100m	10m	1m	10cm	1cm	1mm
振動数	300kHz	3MHz	30MHz	300MHz	3GHz	30GHz	300GHz
分類	長波(LF)	中波(MF)	短波(HF)	超短波(VHF)	極超短波(UHF)	センチ波(SHF)	ミリ波(EHF)
用途	AM放送		無線	TV放送 FM放送	携帯電話	衛星放送 電子レンジ	衛星通信

波長	10^{-4}m	10^{-5}m	10^{-6}m	10^{-7}m	10^{-8}m	10^{-9}m	10^{-10}m
振動数	$3×10^{12}$Hz	$3×10^{13}$Hz	$3×10^{14}$Hz	$3×10^{15}$Hz	$3×10^{16}$Hz	$3×10^{17}$Hz	$3×10^{18}$Hz
分類	サブミリ波	赤外線		可視光線	紫外線	X線	γ線
用途		赤外線写真 赤外線リモコン			殺菌	医療	

近角聰信, 三浦登：シグマベスト　理解しやすい物理I・II　改訂版, 文英堂, 東京, 2008：36 表1 より引用

物理3　看護の基礎となる電気の話

確認のためもう一度トライ！　演習問題 7

あるFMラジオ局が振動数（＝周波数）が76.5MHzの電波を出しているとき、この電波の波長を求めよ。光の速さは秒速30万kmとする。

正解は P.116 をチェック！

看護に必要な
物理

第4章
看護の基礎となる波の話

眼や耳などの感覚器のはたらきは、
物理の「波」という概念を知っておくと非常にわかりやすくなります。
ここでは看護に必要な光と音について学びましょう。

波とは

　物質のある点に生じた運動がその物質内を伝わる現象を**波**、その物質を**媒質**といいます。私たちの身のまわりにはいろいろな波がありますが、この章では**光**（光波）と**音**（音波）について復習します。人体の構造と機能という観点からは、眼と耳の勉強です。

　その前に、波の性質を表す言葉についておさらいしておきましょう。

- **波長**とは、波源の1回の振動により生じる波の長さです。略称はλ（ラムダ）
- **振動数**とは、媒質が振動したときに単位時間当たりに往復する回数です。略称はf（frequencyの略）
- **周期**とは、媒質が振動したとき1往復するのに要する時間で、振動数の**逆数**（周期＝$\frac{1}{振動数(f)}$）です
- 波は単位時間に、「波長×振動数」だけ進みます。つまり、「**波の速さ＝波長（λ）×振動数（f）**」です
- **変位**とは、**波によって媒質が元の位置からずれた距離**のことです
- **振幅**とは、**変位の最大値**のこと。波を山や谷にたとえるなら、山の高さや谷の深さに相当します

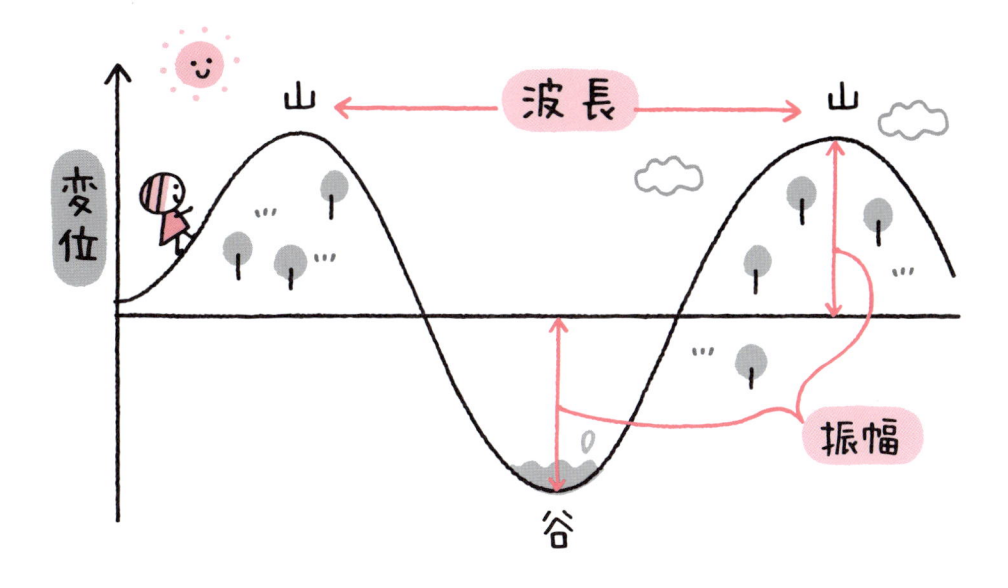

音波

音波とは

音は波の一種です。音の源は振動しており、その振動が空気を伝わって聴こえているのです。この振動が空気中を伝わっていくのが音波です。空気などの媒質によって音は伝わるため、媒質のない真空中では音は伝わりません。

ヒトが聴くことができる音の振動数は、20Hzから20kHzまでだとされています（P.94図1）。

私たちは日常の経験から、ブーンと表現されるような低い音は周波数が低く、キーンと表現されるような高い音は周波数が高いことを知っています。

気温が15℃のときの音速が340m/sだとすると、

$$波長 = \frac{音速}{振動数} \quad (\because 音速 = 波長 \times 振動数)$$

からそれらの波の波長がわかります。実際に計算してみましょう。

$$20\text{Hz}の音波の波長 = \frac{音速}{振動数} = \frac{340}{20} = 17\text{m}$$

（単位の組み立ては $\frac{\text{m}}{\text{s}} \div \frac{1}{\text{s}} = \text{m}$）

$$20\text{kHz}の音波の波長 = \frac{340}{20000} = 0.017\text{m}$$（単位の組み立ては同上）

周波数
振動数と同義。

物理4　看護の基礎となる波の話

■ 図1 ヒトの等聴力曲線

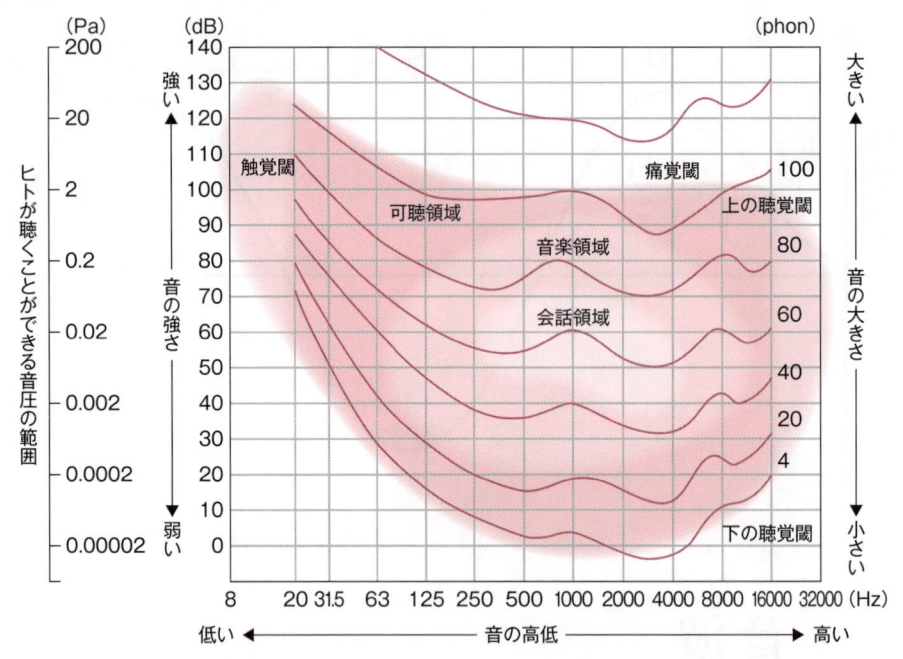

2万Hz以上の音は超音波といわれます。なお、年をとると周波数の高い音が聴こえなくなります。これが老人性難聴です。

山内昭雄, 鮎川武二：感覚の地図帳. 講談社, 東京, 2001 より改変して引用

デシベル

　ヒトが聴くことができる音圧の範囲は、20μPa（マイクロパスカル）から20Pa（パスカル）までだとされています。音響学ではPa単位で直接的に表現せずに、ベル（Bel、略称はB）単位で相対的に表現する約束です。基本式は次のとおりです。

$$\text{ベル} = \log_{10}\left(\frac{\text{被検音の圧力}}{\text{基準音の圧力}}\right)^2$$

　基準音とはヒトが聴くことができる最小の音圧で、つまり20μPaです。ベル（B）では単位の数値が小さいため、代わりにデシベル（略称はdB）を使います。dB = 10Bなので、

$$dB = 10 \times \log_{10}\left(\frac{\text{被検音の圧力}}{20\mu Pa}\right)^2$$

$$= 2 \times 10 \times \log_{10}\left(\frac{\text{被検音の圧力}}{20\mu Pa}\right) \quad (\because \log ab^c = c \log ab)$$

$$= 20 \times \log_{10}\left(\frac{\text{被検音の圧力}}{20\mu Pa}\right)$$

という基本式が完成します。

　被検音が200Paのとき、200Paを基本式に代入すると、

音圧

音波による気圧の変化。

$$dB = 20 \times \log_{10} \left(\frac{200 \text{Pa}}{20 \mu \text{Pa}} \right)$$

$$= 20 \times \log_{10} \left(\frac{200}{20 \times 10^{-6}} \right) (\because \mu = 10^{-6})$$

$$= 20 \times \log_{10} (10 \times 10^6) (\because \frac{1}{10^{-6}} = 10^6)$$

$$= 20 \times \log_{10} (10^7)$$

$$= 20 \times 7 \ (\because \log_{10} (10^7) = 7 \times \log_{10} (10) = 7 \times 1 = 7)$$

$$= 140$$

　デシベルは音圧以外に、電圧や電流など同じ物理量を比較するときに用いられる単位で、入力量に対する出力量の比、つまり<u>利得</u>（ゲイン：gain、あるいは<u>増幅率</u>）を表すのに便利です。デシベルを使うと非常に広い範囲の数値を圧縮して表現でき、利得の乗法がデシベルの和で計算できるというメリットがあります。**表1**は知っておくとお得なデシベルと倍率の関係です。

■ 表1　デシベルと倍率の関係

デシベル	倍率
60dB	1000倍
40dB	100倍
20dB	10倍
0dB	1倍
−20dB	0.1倍
−40dB	0.01倍

デシベル	倍率
3dB	$\sqrt{2}$ 倍
6dB	2倍
12dB	4倍
14dB	5倍
−3dB	$\frac{1}{\sqrt{2}}$ 倍
−6dB	$\frac{1}{2}$ 倍

※デシベル＝20×$\log_{10}$（倍率）

物理4　看護の基礎となる波の話

確認のためもう一度トライ！　演習問題 8

病室のクーラーが故障した。施設課職員にデシベルを測定してもらうと53dBだった。故障する前は50dBだったとすると、この故障したクーラーの音圧は故障前の何倍か。

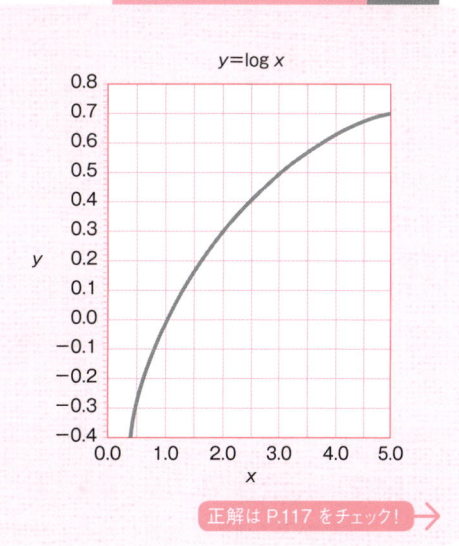

$y = \log x$ のグラフ

正解はP.117をチェック！

音速

　空気中での音速は気温により多少変化します。0℃のときの音速は331.5m/sで、気温が1℃高くなるごとに0.6m/s速くなります。例えば、気温15℃のときは、331.5 + 0.6 × 15 ＝ 340.5m/sです。

　音波は空気中だけでなく、液体や固体のなかを伝わることができます。一般的に、音速は固体中＞水中＞空気中の順で速く、例えば水中では1500m/s前後です。

ドップラー効果

　消防車や救急車がサイレンを鳴らしながら近づいてきたときの音と、反対に遠ざかるときの音がまったく違うのは日常的に経験しますが、これは、音源（ここでいう消防車や救急車）が近づくときの音の周波数が短くなるのに反して、遠ざかる場合は長くなることが原因です。これがドップラー効果です。

　図2は音を本来の縦波（疎密波）ではなく、横波として表現したときのドップラー効果の概念図です。音源Aが右から左に移動すると、観察者Bに届くのは低周波数の音というわけです。私たちが静止音源に近づくときにもドップラー効果が起こりますが、この場合は見かけ上の音速が変わることが原因です。

■図2　ドップラー効果の概念図

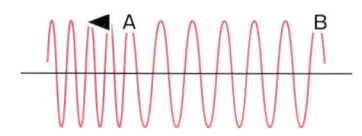

音源Aは観察者Bから遠ざかっている最中です。

縦波
波の進行方向が媒質の振動方向と同じもの。

疎密波
縦波のこと。媒質の密なところと疎なところが交互にできるため、こう呼ばれる。

横波
波の進行方向が媒質の振動方向と垂直なもの。

コロトコフ音

　血圧を測定する方法に直接法と間接法があることは、すでに紹介しました（P.71）。ここでは間接法について説明します。

　間接法では、上腕にマンシェットを巻いて上腕動脈の真上に聴診器を置き、それからマンシェット内の圧力を上昇させます。マンシェット内の圧力を十分高めて、上腕動脈内の血流を遮断したら、今度はマンシェットから空気を抜き

ながら圧力を下げていきます（図3）。上腕動脈の血流が再開したら澄んだ音が聞こえます。これがスワンの第1点で、このときの血圧を収縮期血圧（BPs）とします（図4）。第1点を過ぎると雑音が混じり始め（スワンの第2点）、次に再び澄み（スワンの第3点）、次に急に小さくなり（スワンの第4点）、最後にスッと消失します（スワンの第5点）。通常は第4点から第5点への移行期付近の血圧計の目盛りを拡張期血圧とします。このような音をコロトコフ音と呼びます。

■図3 コロトコフ音が発生するしくみ

※マンシェットを巻いている状態である。

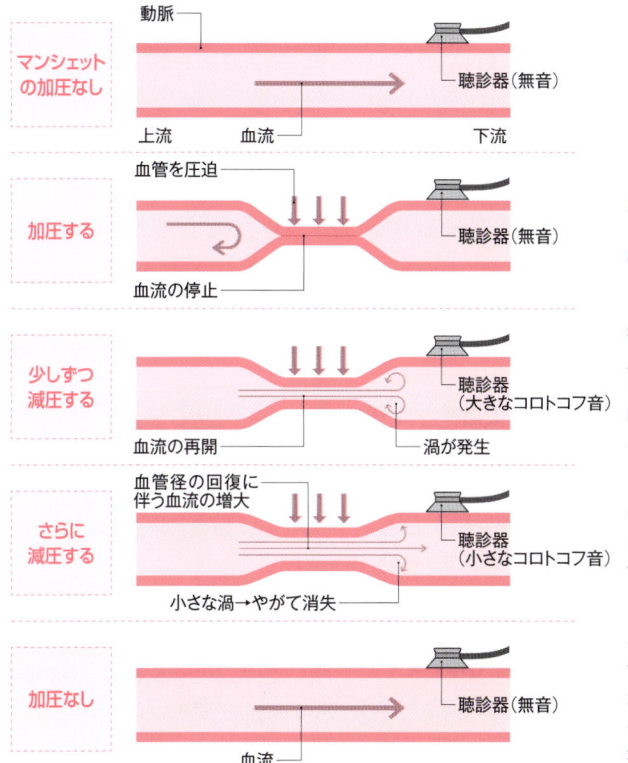

マンシェットの加圧なし	（無音）
加圧する	予想される最高血圧よりも高く加圧（通常は平常の収縮期血圧より約30mmHg高くなるようにする）することで、マンシェット内の圧力が動脈の最高血圧に打ち勝ち、動脈管が押しつぶされ、血流が止まってしまう。被検者はしびれやだるさを感じる。
少しずつ減圧する	徐々に減圧していくと、動脈圧は脈動しているので、最高血圧になるほんの一瞬だけ、血圧のほうがマンシェットの圧力に打ち勝ち、その瞬間だけ血流が生じる。この血流を生じた瞬間だけ拍動音が聞こえる。この最初に拍動音を聞くことができた瞬間の圧力が、最高血圧（収縮期血圧）である。
さらに減圧する	さらに減圧していくと、血圧のほうがマンシェット内の圧力に打ち勝つ時間が長くなり、血流量が増大し、大きな拍動音が聞こえる。
加圧なし	さらに減圧していくと、マンシェット内の圧力が最低血圧以下まで下がり、血流はマンシェットの圧力に阻止されることなく連続的に流れることができる。この瞬間、血流の断続のたびに発生していた拍動音が消失し、このときの圧力が最低血圧（拡張期血圧）である。

深井喜代子 他 編：基礎看護学テキスト　EBN志向の看護実践．南江堂，東京，2006：115と佐藤和艮：看護学生のための物理学　第4版．医学書院，東京，2008を参考にして作成

■図4 コロトコフ音の相

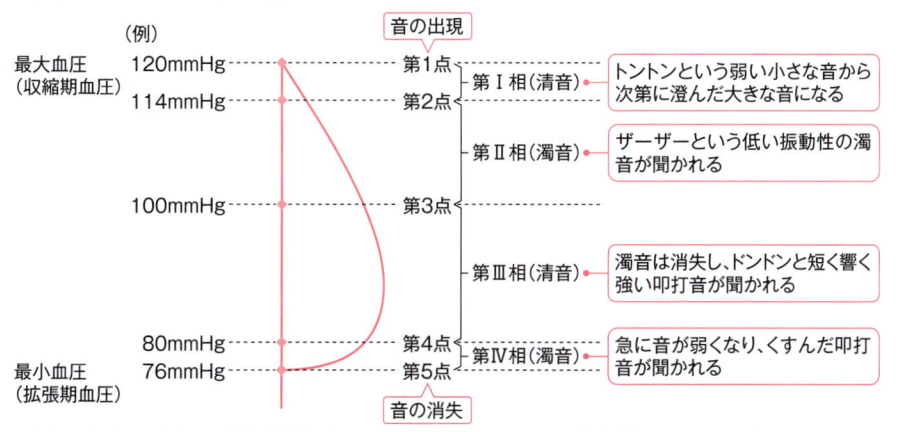

血圧	値	点	相	説明
最大血圧（収縮期血圧）	120mmHg	第1点（音の出現）	第Ⅰ相（清音）	トントンという弱い小さな音から次第に澄んだ大きな音になる
	114mmHg	第2点	第Ⅱ相（濁音）	ザーザーという低い振動性の濁音が聞かれる
	100mmHg	第3点	第Ⅲ相（清音）	濁音は消失し、ドンドンと短く響く強い叩打音が聞かれる
	80mmHg	第4点	第Ⅳ相（濁音）	急に音が弱くなり、くすんだ叩打音が聞かれる
最小血圧（拡張期血圧）	76mmHg	第5点（音の消失）		

阿曽洋子，井上智子，氏家幸子：基礎看護技術　第7版．医学書院，東京，2011：44と横山美樹：はじめてのフィジカルアセスメント．メヂカルフレンド社，東京，2009：26を参考にして作成

物理4　看護の基礎となる波の話

例題 6	水銀式血圧計を用いた触診法による血圧測定で適切なのはどれか。

1. 脈が触知されなくなったら50mmHg加圧する。
2. 1秒に20mmHgの速さで減圧を開始する。
3. 減圧開始後初めて脈を触知したときの値が収縮期圧である。
4. 脈が触知しなくなったときの値が拡張期圧である。

（第97回午前問題62）

解答・解説

[解答] 3

[解説] 解説のとおり、3は正しいです。4は収縮期血圧の目標値です。1は通常の収縮期血圧よりも約30mmHg高くなるように加圧します。2の減圧は、1拍動につき2〜3mmHg程度の速さで行います。

光波

光波とは

　光も波の一種です。真空中での光速は約30万km/s。太陽光をプリズムに通すと屈折現象を利用して赤、橙、黄、緑、青、藍、紫の7色に分けることができます（図5、Note⑦）。

　光は、波長の短い成分ほど鋭く屈折する性質があるため、紫が最も鋭角的に曲がります。赤より波長の長い成分を赤外線、紫より波長の短い成分を紫外線と呼びます。赤から紫までが可視光線ということです。人体にとってはどの成分も重要ですが、紫外線の殺菌作用は滅菌に応用されています。

　写真（図6）はヒトの目です。

　瞳孔は、ヒトが暗所から明所に移動すると、自律神経のはたらきで自動的に直径を小さくして、通過する光量を減らします。これを瞳孔縮小、略して縮瞳と呼びます。逆の現象が瞳孔散大、略して散瞳です。余談ですが、瞳孔の自律神経支配は国試対策のヤマ中のヤマです。

プリズム
透明な多面体。よく磨かれた平面によって構成されている。

屈折
波が異なる媒質の境界を通るときに、進む方向が変化する現象。

可視光線
人間が肉眼で感じることができる光線。

■図5 光の分散

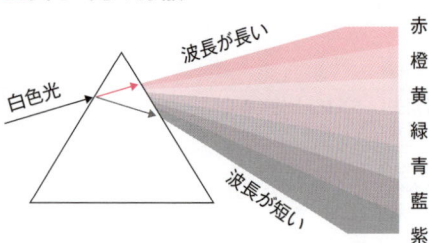

■図6 ヒトの目

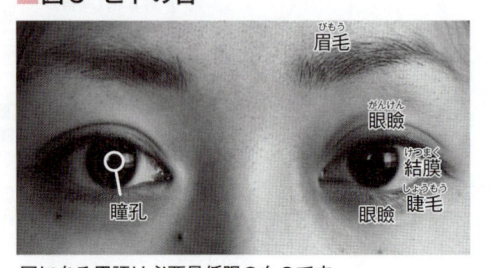

図にある用語は必要最低限のものです。

> ### Note 7
>
> #### 光の屈折のポイント
>
> 　光の屈折についてのポイントです。
>
> - 絶対屈折率とは、光が真空中から物質中に進む場合の屈折率。単に屈折率という場合は絶対屈折率を指す。
> - 物質の中での光速は、真空中での光速を絶対屈折率で除した（＝割った）値に等しい。
> - 相対屈折率とは、光が物質1から物質2に進む場合の屈折率。物質1と物質2の中での光の速さをそれぞれV_1、V_2とすると、物質1から物質2に進む場合の屈折率（n_{12}）は$\frac{V_1}{V_2}$に等しい。屈折率はn_{12}と表す。

目の構造と機能

　瞳孔は交感神経が優位になると散瞳し、副交感神経が優位になると縮瞳します。瞳孔の奥はどうなっているかを示したのが次の図7、つまりヒトの眼球を輪切りにした模式図です。右図は左図を拡大したもので、両者とも図の左側が人体の前方（これを腹の側という意味で腹側といいます。反対語は背側）です。

　一般に、光の屈折は屈折率の異なる媒質の境界面で起こりますが、屈折率の差が大きいほど強く屈折する性質があります。専門書に記載されている眼球各部の屈折率（絶対屈折率）を調べてみると、空気と角膜の差が最大だとわかります。具体的数値としては、空気の1.0に対して角膜は1.38。つまり、光は空気中を進んで角膜に進入するときに最も鋭く曲がるのです。

　図8（P.100）はカメラに見立てた眼の基本構造です。「カメラのレンズ＝眼の水晶体」として描かれていますが、実際には角膜と水晶体で複合レンズを形成します。

■図7　眼球の矢状断面

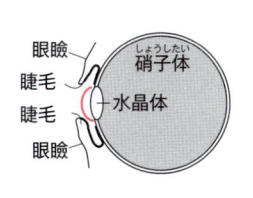

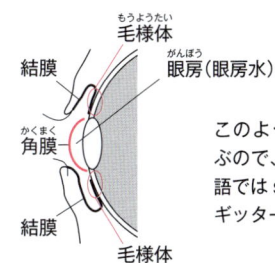

[腹側]　[背側]　眼瞼／睫毛／睫毛／眼瞼／硝子体／水晶体

[腹側]　[背側]　結膜／毛様体／眼房（眼房水）／角膜／結膜／毛様体

このような断面を矢状断面と呼ぶので、覚えておきましょう。英語ではsagittal plane（発音はサギッタール）。

物理4　看護の基礎となる波の話

■図8 カメラに見立てた眼の基本構造

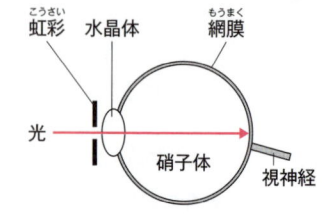

絞り＝虹彩
絞りの中心の光通過孔＝瞳孔
レンズ＝水晶体　※実際には角膜と水晶体で複合レンズを形成します。
シャッター＝眼瞼
フォーカス＝水晶体の厚みを調節する組織＝毛様体（毛様体筋と毛様体小帯）
フィルム＝網膜
※瞳孔、眼瞼、毛様体は図では省略。

Note 8

眼球の解剖生理

　結膜は、**眼球結膜**（角膜周囲の強膜の前面）と**眼瞼結膜**（眼瞼の裏面）からなります。眼球結膜が黄色になると**黄疸**、眼瞼結膜が白くなると**貧血**を疑います。
　水晶体と網膜の間の空間を満たすゼリー状の物質を**硝子体**、水晶体と角膜の間の空間を満たすリンパ液を**眼房水**と呼びます。眼房水は毛様体上皮細胞から分泌され、虹彩角膜間隙から静脈に吸収されますが、分泌量と吸収量は等しくなるように調節され眼房内の圧力（＝眼圧）を一定（15〜20mmHg）に保ちます。眼圧が上昇する病気が**緑内障**です。
　脈絡膜は血管に富む膜状組織で網膜を栄養します。**強膜**は眼球の後方約8割を覆う線維性の膜で、前方2割を覆う角膜に連なります。
　毛様体（毛様体小帯と毛様体筋）は水晶体の厚さを調節する組織です。**虹彩**は水晶体の前面を取り囲むドーナツ状の筋肉性膜で、瞳孔散大筋と瞳孔括約筋からなり、自律神経系（交感神経と副交感神経）によって支配されています。

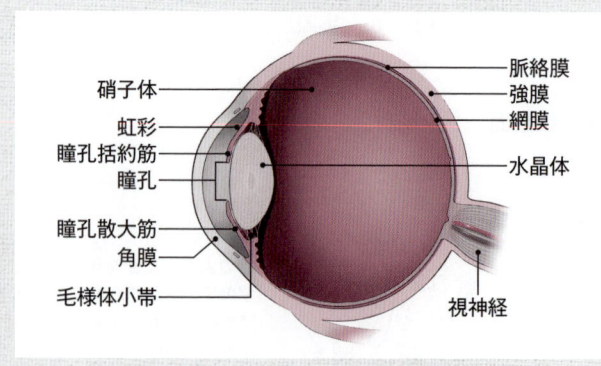

近視のメカニズム

近視では水晶体が厚すぎる——実際には毛様体が麻痺して水晶体を薄くすることができない——ので、光（影像）が網膜の手前に像を結んでしまいます（図9）。これを矯正するのが凹レンズです。世の中に近視の人が大勢おられるということは、世の中には凹レンズがたくさんあるということです。

遠視は近視の逆で、水晶体が薄すぎて影像が網膜の後方に像を結びます。凸レンズで矯正します。

■図9　近視のメカニズム

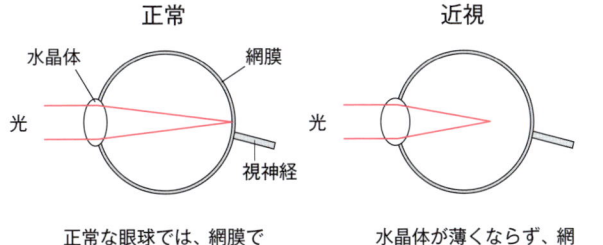

正常
正常な眼球では、網膜で焦点が合う。

近視
水晶体が薄くならず、網膜の手前で焦点が合う。

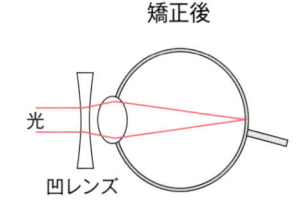

矯正後
凹レンズはピントが合う点を遠くにするはたらきがあるため、網膜で焦点が合うようになる。

パルスオキシメーター

酸素の運搬の主役・ヘモグロビン

血液の生理作用の1つが酸素の運搬です。酸素は水にはごくわずかしか溶けないので、実際に酸素を運搬する物質は赤血球、もっと正確にいえば赤血球のなかにあるヘモグロビン（血色素、Hb）です。

1gのヘモグロビンは、最大で1.34mLの酸素を結合することができます。成人の血液1dL中には約15gのヘモグロビンが存在するため、成人の血液1dLは最大で約20mL（∵ 1.34 × 15 = 20.1）の酸素を結合できます。1dLの動脈血は、実際に約20mLの酸素を結合しているので、動脈血はその能力を最大限に発揮しているといえます。

動脈血はなぜ「鮮紅色」？

ところで、動脈血は鮮やかな赤色（専門書には鮮紅色と書かれています）をしていますが、これは、酸素と結合したヘモグロビン（酸化ヘモグロビン）が鮮紅色を呈するからです。

なぜ、鮮紅色かというと、酸化ヘモグロビンが赤い光（赤色光）を吸収するからです。これが「吸光」という物理現象です。この性質を利用すると、動脈

物理 4　看護の基礎となる波の話

血を採取することなく、動脈血の酸素飽和度（SaO₂）を検査することができます。余談ですが、このような検査方法を非観血的・非侵襲性検査と称します。

吸光を利用したパルスオキシメーター

　動脈血酸素飽和度を測定するのに、臨床現場でよく使用する機材の名称は**パルスオキシメーター**です。図10の写真のように非常にコンパクトな機材で、2つのパーツから構成されています。1つは被験者の人差し指に装着するクリップで、もう1つが測定装置本体。両者はケーブルで接続されています。クリップには赤色光と赤外線を（交互に）指先に照射する装置と、指先を通過してきた光を感知するセンサーが組み込まれています。光が指先を通過する間に「吸光」が起こります。

　指先にはいろいろな組織がありますが、そのなかで拍動しているのは**動脈だけ**。したがって、センサーに届いたシグナルのうち、拍動性の成分が動脈からのシグナルという理屈です。拍動の頻度は**心拍数**を反映します。

■ 図10　パルスオキシメーター

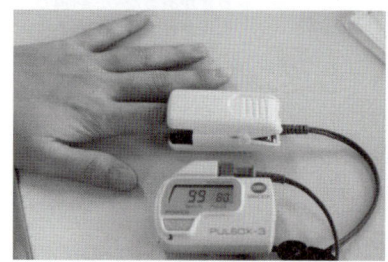

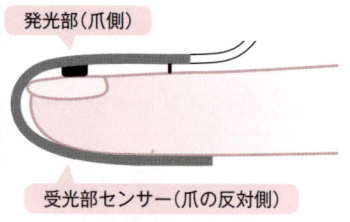

発光部（爪側）
受光部センサー（爪の反対側）

液晶部分には、この画質では読み取りにくいかもしれませんが、大文字で99、小文字で80と表示されています。酸素飽和度99％、心拍数80を意味します。

例題7

パルスオキシメータによる経皮的動脈血酸素飽和度〈SpO₂〉測定において、適切なのはどれか。

1. ネームバンドは外して測定する。
2. マニキュアは除去せず測定する。
3. 末梢循環不全のある部位での測定は避ける。
4. 継続して装着する場合は測定部位を変えない。

（第101回午前問題42）

解いてみよう!!

解答・解説

[解答] 3

[解説] 正解は3で、動脈拍動を利用して測定するしくみのため、測定部位の血流が低下すると測定値が不正確になる可能性があります。2のマニキュアは、パルスオキシメーターが発光する光を吸収するため、除去する必要があります。4は、長時間装着する場合は皮膚障害が生じる可能性があるため、適宜、測定部位は変更する必要があります。1は、測定のために外す必要はありません。

パルスオキシメーターの原理

図11のグラフを使ってパルスオキシメーターの測定原理を簡単に説明します。

■図11 パルスオキシメーターの測定原理

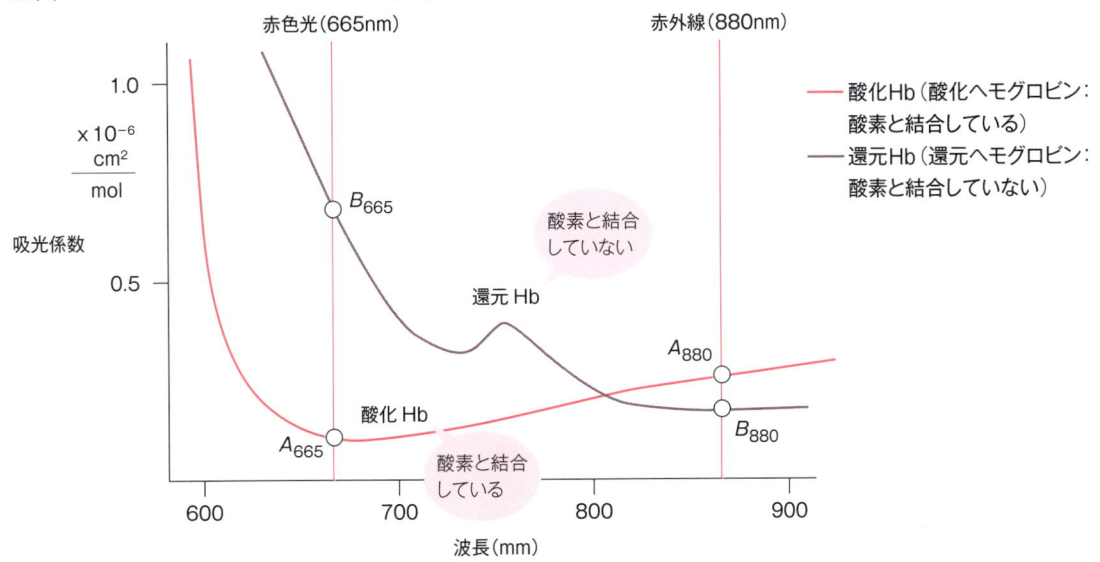

図中の○印が本文中に登場する4つの交点です。

グラフの横軸は光の波長です。横軸から出ている2本の垂線が赤色光（波長665nm）と赤外線（波長880nm）に相当します。縦軸は吸光係数。値が小さいほど「よく吸収された」ことを意味します。

「酸化Hb」とラベルした曲線と2本の垂線の交点（A_{665} と A_{880}）が、酸化Hbからのシグナルです。同様に、「還元Hb」とラベルした曲線と2本の垂線の交点（B_{665} と B_{880}）が還元Hbからのシグナルです。

4つの交点の吸光係数を比較しましょう。

①赤色光のシグナルに注目すると、$A_{665} < B_{665}$

②赤外線のシグナルに注目すると、$A_{880} ≒ B_{880}$

③酸化Hbからのシグナルに注目すると、$A_{665} < A_{880}$、つまり $0 < \dfrac{A_{665}}{A_{880}} < 1$

④還元Hbからのシグナルに注目すると、$B_{665} > B_{880}$、つまり $\dfrac{B_{665}}{B_{880}} > 1$

以上の4点から、$\dfrac{赤色光}{赤外線}$ の値が0と1の間で、0に近いほど酸化Hbが多いのではないかと推定することができます。還元Hbが多くなれば $\dfrac{赤色光}{赤外線}$ の値は1以上になるでしょう。

看護に必要な物理

第5章 看護に必要な放射線の話

私たちの生活はもちろん、医療においても放射線の知識は重要です。
ここでは医療者としておさえておきたい
放射線の基礎知識を確認しておきましょう。

　みなさんはレントゲン検査を行う医療従事者の正式名称と業務内容を知っていますか。法律に基づく名称は診療放射線技師（英訳はradiological technologist）。看護師と同様、国家資格で、病院や診療所などの医療機関において放射線を用いた検査や治療を担当します。

　この章ではその放射線の基礎中の基礎をチェックしましょう。キーワードはX線とγ線、シンチグラフィー、粒子線、ベクレルとシーベルト、許容被曝量です。

X線とγ線

　一般の病院や診療所ではX線とレントゲン、そして放射線はほぼ同意義語として使われますが、実は放射線は**さまざまな電磁波や粒子線の総称**です。電磁波に含まれるのが**エックス線**（以下、X線と表記）と**ガンマ線**（以下、γ線と表記）。第3章のP.91図16に示したように**波長が非常に短い**のが特徴です。粒子線は**アルファ線**（以下、α線と表記）や**ベータ線**（以下、β線と表記）など。これらは**放射性物質が崩壊するときにその原子核から放出される粒子**です（Note⑨参照）。

　X線とγ線は医療以外にも、私たちの身のまわりでさまざまに利用されています。例えば、結晶構造の研究（専門的にはX線回折（かいせつ）と呼ばれます）、機械部品や構造物の内部にあるキズの非破壊検査、空港の手荷物検査など。天文学では、超新星などから飛来するX線やγ線を観測するための天体望遠鏡が活躍中です。

　X線とγ線にはいくつかの違いがあります。まずγ線のほうが波長が短いこと。厳密にいえば、両者の波長は部分的にオーバーラップしているため、波長の違いだけで両者を区別することは困難です。決定的な違いは発生メカニズムです。X線が**原子核外から発生**するのに対して、γ線は**原子核内から放出**されます。

Note 9 粒子線の英訳

英語では粒子線のことをparticlesといいます。これは微粒子を意味するparticleの複数形。これに対して、X線やγ線の線はrays、つまり、光を意味するrayの複数形です。このことから、粒子線の線とX線やγ線の線は意味が違うことがわかります。

X線が発生するしくみ

X線は図1のような内部が真空のガラス管（名称はX線管）を使って発生させます。図の左側の模式図から説明します。陰極のフィラメントは白熱電球と同様、タングステンをコイル状に巻いたもので、ここに電流を流して加熱します。金属を高温にすると、金属内部の自由電子が激しく運動し、その一部が金属の表面から飛び出します。これが熱電子です。

そして、この熱電子を両極間にかけた数万〜数十万ボルトの電圧（一般に、この電圧を管電圧と呼びます）によって加速させ、高速でターゲットに衝突させます。熱電子がもっていた運動エネルギーは熱エネルギーに変換され、ターゲットの加熱とX線の放射に利用されます。ターゲットには耐熱性とX線発生効率のよさから、原子番号の大きい金属（例、タングステン）が選ばれます。

図1の右側は医療用X線検査装置の写真です。写真中央奥の円筒形の構造物のなかにX線管が収容されています。発生したX線は、右手前の立方体（カメラの絞りに相当します）から人体に照射されます。この管では8万〜12万ボルトの管電圧を使用します。

■図1　X線管の模式図と実物

X線管の模式図

医療用X線検査装置

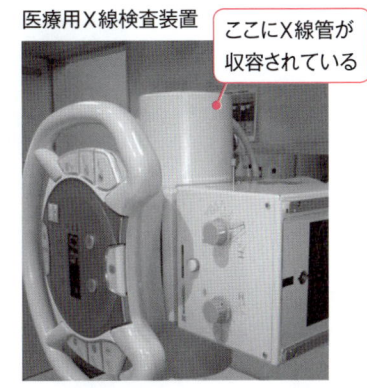

ここにX線管が収容されている

メーカーは島津製作所。写真は八女リハビリ病院提供。

物理5　看護に必要な放射線の話

Note 10

電子の運動エネルギー

電子が1ボルト（V）の電圧で加速されるときのエネルギーを計算してみましょう。国際単位の項（P.20参照）で復習したように、エネルギーの単位はジュール（J）です。電気素量（e）が$1.6×10^{-19}$クーロン（C）と仮定すると、

$$eV = 1.6×10^{-19}×1$$
$$= 1.6×10^{-19}$$

（単位はCV、すなわちJ）

です。これを1電子ボルトと定義し、記号eVを割り振ります。電子ボルトという単位はX線やγ線にも適応されます。1つの例ですが、放射性物質セシウム137（^{137}Cs）は0.66MeVのγ線を出すなどと表現します。ちなみに、MeVはメガ電子ボルトです。

X線写真

X線を人体に照射して撮影した画像がX線写真です。管電圧が高ければ高いほどX線の波長は短くなり、波長が短ければ短いほど電磁波としてのエネルギーが高くなり、その結果X線の透過力が増すという原則があります。この原則を利用して、検査したい組織や部位に応じて管電圧（および管電圧をかける時間）を調節します。

例えば図1（P.105）で紹介したX線検査装置の場合、胸部X線検査時の組み合わせは12.5万ボルトと0.03秒ですが、腹部を撮影するときは管電圧を8.5万ボルトに減じる代わりに管電圧をかける時間を0.1秒に延長するという具合です。でき上がった写真を読影するときのポイントは、空気は黒、水分は白という原則に沿うこと。例えば胸部X線検査の場合、肺は空気が多いので黒く、心臓は水分が多いので白く写ります。

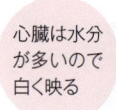

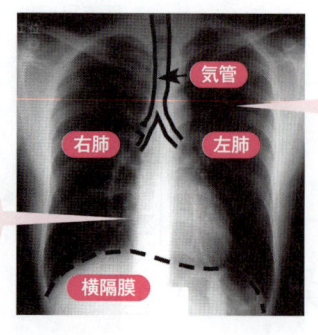

> **ベルゴニー・トリボンドーの法則**
>
> 放射線(X線)の感受性(細胞や組織の影響、障害の受けやすさ)については、ベルゴニー・トリボンドー(Bergonie and Tribondeau)の法則がある。
> ①細胞の再生能力の大きいものほど感受性が高い。
> ②細胞分裂のさかんなものほど感受性が高い。
> ③形態・機能的に分化していない幼若な細胞ほど感受性が高い。

> **放射線防護の3原則**
>
> ①被曝の時間を短くする。
> ②線源からの距離を長くする。
> ③遮蔽物を使う。

■ 図2　X線用防護衣とフィルムバッジ

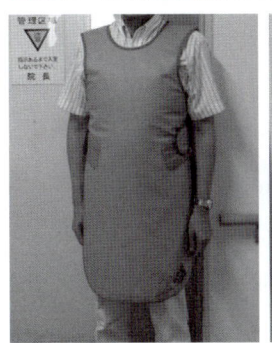

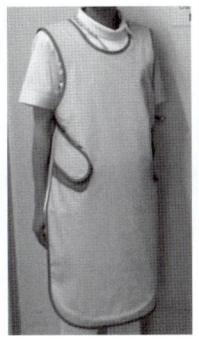

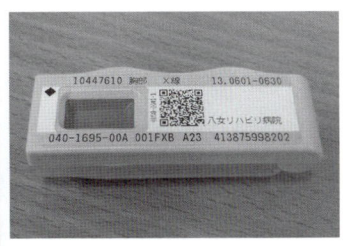

左端・中央：放射線防護服(マエダ)
右端：フィルムバッジ(千代田テクノル)
写真提供：八女リハビリ病院

X線の防護

γ線を利用した検査方法を紹介するに前にX線の防護についてごく簡単に情報提供します。まずはX線防護衣の紹介です。いろいろな種類がありますが、基本的には鉛などの金属を織り込んだエプロンです(**図2**)。左端と中央は汎用エプロンの例です。

次は外部被曝線量を測定するためのフィルムバッジです(図2右端)。これは、放射線検出用フィルムの小片を適当なフィルターを装備したケースに収めたもので、白衣の胸ポケットに差し込めるようなタイプがポピュラーです。X線(およびγ線)を浴びるとフィルムが黒くなり、その黒化度から線量を測定します。通常、各自毎月検査します。第92回看護師国家試験で、フイルムバッジは防護エプロンの外側につけるという文章が正しいかどうかが問われました。答えはもちろんノー。エプロンの内側につけないと意味がありませんね。

Note 11

レントゲンとベクレル

レントゲンはX線を発見したドイツの物理学者ウィルヘルム・レントゲン(1841〜1923)に由来。その功績に対して1901年、第1回ノーベル物理学賞が贈られました。アンリ・ベクレル(1852〜1908)はフランスの物理学者。1903年キュリー夫妻とともに第3回ノーベル物理学賞を受賞。受賞理由は放射線の発見。放射線の単位ベクレルは彼の名前に由来します。

物理5　看護に必要な放射線の話

シンチグラフィー

　この項ではγ線を利用した検査方法を説明します。とくに、国家試験に出題される可能性が高いシンチグラフィーの重要ポイントをおさえましょう。

　第3章で復習したように、窒素(原子番号7、質量14)の原子核には、原子番号数に等しい7個の陽子と、質量数14と原子番号7の差に等しい7個の中性子が存在します(**P.77図3**)。ただし、非常に稀(具体的には0.36％)ですが、8個の中性子をもつ質量数15の窒素同位体(アイソトープとも呼ばれます)が存在することがわかっています。本書では以下、このような窒素同位体を窒素15、あるいは^{15}Nと表記します。ほかの元素の同位体についても同様です。サイクロトロンという特殊な装置を使えば、いろいろな同位体を人工的につくることができます。例えば、中性子を6個しかもたない窒素13(^{13}N)です。

　一般に、同位体には放射性同位体(ラジオアイソトープ、略してRI)と非放射性同位体(正式名は安定同位体)の2種類が存在します。窒素の場合、^{14}Nと^{15}Nが安定同位体、^{13}Nが放射性同位体です。放射性同位体は放射性物質で、時間とともに放射性崩壊を起こします。

　甲状腺ホルモンに関する問題は国家試験によく出題されますが、それとの関連で甲状腺のRI検査について問われることがしばしばです。検査名は甲状腺シンチグラフィー。シンチグラフィーとは体内に投与した放射性同位体から放出される放射線を検出し、その分布を画像化する画像診断方法です。つまり、甲状腺の形を調べるための検査です。画像化したものがシンチグラム(**図3**)。ただし、両者を一括してシンチグラムと呼んでも差し障りはありません。ちなみに、シンチグラフィーとラジオアイソトープ検査はほぼ同義です。

　また、放射性同位体や放射性物質を放射性核種、あるいは追跡子(トレーサー)、放射性核種を利用した医療を核医学と称することもポピュラーなので覚えておきましょう。まずは過去問チェックです。

■図3　甲状腺シンチグラムの実例(左)と甲状腺の解剖学(右)

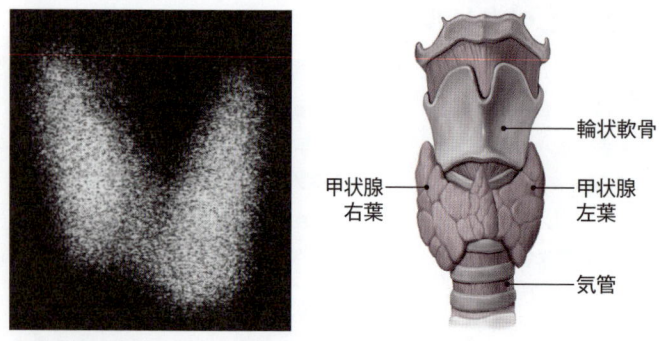

甲状腺は輪状軟骨の前方(医学用語では腹側)に存在し、左右の葉からなっています。

例題 8 甲状腺シンチグラフィーの検査前に摂取してはいけないものはどれか。

1. ひじき　2. ごぼう　3. レタス　4. チーズ

（第92回午前問題52）

解答・解説

[解答] 1

[解説] 甲状腺シンチグラフィーには、ヨウ素の放射性同位体（^{123}I）を使用します。ヨウ素が甲状腺ホルモンの材料として甲状腺に集積するという性質を利用するわけです。検査前日、3.7〜7.4MBq（メガベクレル、後述）の^{123}Iを内服。翌日、シンチレーションカウンターを使用して^{123}Iから放射されるγ線を測定します（図3）。所要時間は15分前後。注意点がいくつかありますので、箇条書きにします。

甲状腺シンチグラフィーの注意点

①検査日の3日前からヨード摂取は厳禁。ヨードを多く含む食品は海産物（昆布、ひじき、ワカメ、海苔、寒天、もずく、トコロテン）、昆布汁入りの緑茶、海藻エキス入りのスポーツ飲料などです。検査前にイソジン®でうがいしてはいけません。イソジン®にはヨードが含まれています。

②妊娠中、または妊娠の可能性のある場合は原則検査しません。

③授乳中は検査後6時間程度授乳しない。検査中に搾乳した母乳もあげてはいけません。

④検査前後に赤ちゃんを抱っこしてよいかについては、前はOK、後は短時間ならOK（長時間はダメ）。

以上から、正解は1のひじきです。第95回看護師国家試験（状況設定問題、問題49-51）では、26歳女性のバセドウ病例が出題されました。この女性は夫、3歳と生後6か月の子どもの4人暮らし、現在授乳中とされました。このような問題では、ほぼ間違いなく、甲状腺シンチグラフィーに関する設問があります。

確認のためもう一度トライ！ 演習問題 9

甲状腺機能検査を受ける患者の検査食はどれか。

1. ヨード制限食
2. 蛋白制限食
3. 脂肪制限食
4. 低残渣食

（第101回午前問題18必修）

正解は P.117 をチェック！

Note 12

外部被曝と内部被曝

X線検査のときにX線を浴びることを**外部被曝**、核医学検査のときに体内に取り込んだ放射性物質から放出される放射線（例、甲状腺シンチグラフィーの場合のγ線）を浴びることを**内部被曝**といいます。

粒子線

P.106で復習したように、放射線は電磁波と粒子線に大別されます。後者は放射性物質の原子核が崩壊するときに放出されるわけですが、これらについてもminimum requirement（最低必要量）があります。

例えば、おもな粒子として4種類程度（**α粒子**、**β粒子**、**中性子**、**陽電子**など）は挙げられること。α粒子は放射性物質の原子核が崩壊するときに放出される粒子群で、2個の陽子と2個の中性子から構成されます。これはヘリウムの原子核に相当します。原子核がα粒子を放出することをα崩壊といいますが、α崩壊した元素は原子番号が2、質量数が4少ない新しい元素に変化します。β粒子と中性子は、それぞれ原子核から放出される電子と中性子がその本性です。陽電子は原子核から放出されるプラスに荷電した電子（別名は$β^+$粒子）で、ポジトロン断層法（positoron emission tomography、略語はPET）に応用されます。

> **崩壊（壊変）**
> 原子核が放射線を放出してほかの原子核に変わる現象。

演習問題 10 — 確認のためもう一度トライ！

問題1 原子番号94のプルトニウムはα崩壊して原子番号92のウランに変化する。プルトニウムの質量数を237とすると、ウランの質量数はいくらか。

問題2 ラジウム（原子番号88、質量数226）は放射線を出してラドン（原子番号86、質量数222）に変化する。何を放出したか。

正解はP.117をチェック！

放射線に関する単位

放射性物質が放射線を出す能力（線源強度）は、その物質の原子核が崩壊する頻度で表現します。単位はベクレル（記号はBq）で、定義としては1ベクレル＝1崩壊/秒。つまり、1秒間に1個の原子核が崩壊できる強さが1ベクレルということです。ベクレルは国際単位系で、単位の組み立てはs^{-1}。

生体が浴びた放射線の量を表すときは、グレイ（記号はGy）とシーベルト（記号はSv）という2種類の単位を用います。ただし、シーベルトはグレイに係数（無名数、つまり次元はゼロ）をかけ合わせて計算するため、次元は不変です。安心してください。

まずグレイの定義ですが、単位質量（物質1kg）あたり1ジュール（J）のエネルギー吸収があるときの放射線量が1グレイ、つまり、Gy＝J/kg、です。グレイ単位の線量は吸収線量（absorbed dose）と呼ばれます。これに対して、シーベルトは生物学的効果という観点から補正をした線量、具体的には実効線量（effective dose）や等価線量（equivalent dose）の単位です。実効線量は全身、等価線量は局所臓器が対象です。

補正用の係数は2種類に大別されます。1つは放射線荷重係数。放射線の種類によって値が異なり、X線、γ線、β線は1.0、陽子線は5.0、中性子線はエネルギーに依存する5〜20までの異なる値をとります。したがって、医療や看護の世界にとって最も身近な存在であるX線やγ線を利用した検査の場合、等価線量は吸収線量と同じ数値を示すということです。

他方は組織荷重係数。この係数は、各組織臓器における放射線の影響度の指標、つまり各組織臓器がどれだけ放射線の影響を受けやすいかという度合いに相当し、国際放射線防護委員会（ICRP）の勧告に基づいています。臓器ごとの係数を総計すると1.0になります。したがって、体全体では（係数が1なので）実効線量は吸収線量と等しくなります。係数一覧表については専門書をご覧ください。ただし、非常に複雑です。

> **半減期**
> 放射性元素が崩壊し、原子核がはじめの原子数の半分になるまでの時間を半減期という。

確認のためもう一度トライ！　演習問題 11

医療で用いる放射線量の単位はどれか。
1. Gy　2. IU　3. mEq　4. μg

（第101回午前問題13必修）

正解はP.117をチェック！

物理5　看護に必要な放射線の話

許容被曝量

　一般人の許容被曝量は、外部被爆と内部被爆を合わせて**1年間1ミリシーベルト**です。もちろん、入院したときは別基準。なにしろ、胃のX線検査1回だけで4ミリシーベルト程度は外部被爆してしまいます（**図4**）。医師や診療放射線技師などは、**5年間で100ミリシーベルト**（ただし、1年間で50ミリシーベルトを超えていけない）です。看護師は原則として一般人扱いですが、放射線を取り扱う部署など特殊な部署に配属されたときは、医師や診療放射線技師と同じ扱いをされます。

> **放射線診療従事者等の線量限度**
>
> ただし、医療法施行規則には、女子は3か月間ごとに5ミリシーベルト以内などの基準が設けられている。

■図4　被曝量の目安

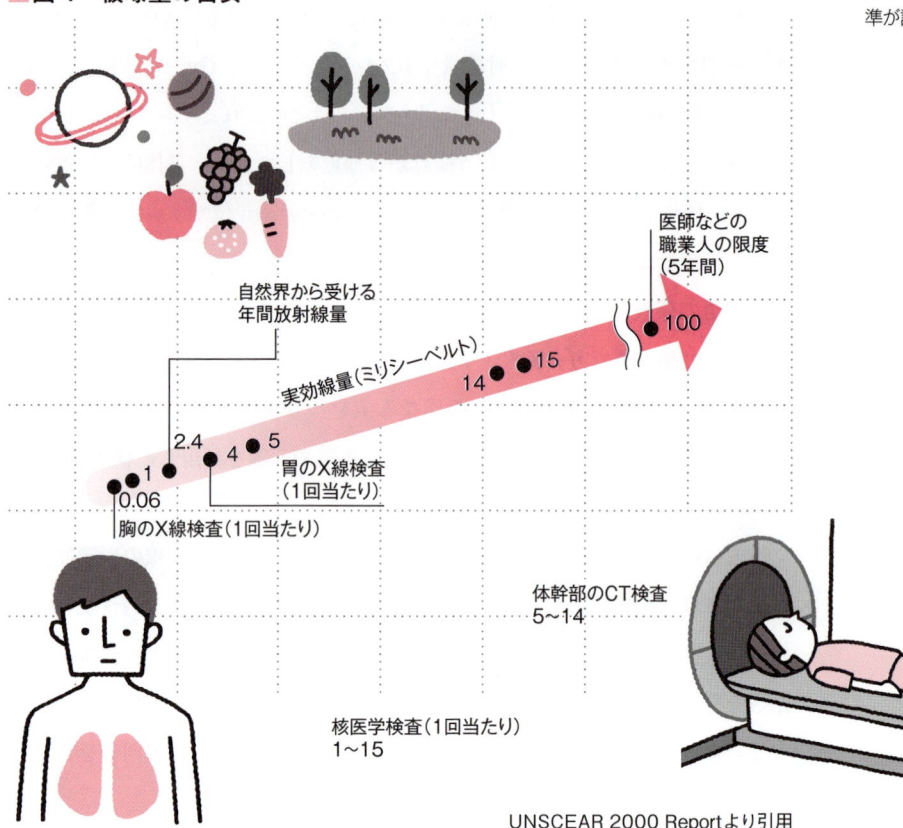

自然界から受ける年間放射線量

実効線量（ミリシーベルト）

0.06　1　2.4　4　5　　　14　15　　　　100

胸のX線検査（1回当たり）

胃のX線検査（1回当たり）

体幹部のCT検査　5〜14

核医学検査（1回当たり）　1〜15

医師などの職業人の限度（5年間）

UNSCEAR 2000 Reportより引用

物理 演習問題 解答・解説

演習問題 (P.64) 1

問題1

[解答] 980dyne

[解説] 力＝1g×9.8m/s²
　　　＝1g×980cm/s²
　　　＝980g・cm/s²
　　　＝980dyne

1円玉（質量1g）にかかる重力はMKS単位系では0.0098N（P.64例題1参照）なので、0.0098N＝980dyne、

$$\therefore 1N = \frac{980}{0.0098} dyne$$
$$= \frac{980}{980 \times 10^{-5}} dyne$$
$$= \frac{1}{10^{-5}} dyne$$
$$= 10^5 dyne$$

という関係が成り立ちます。

演習問題 (P.67〜68) 2

問題1

[解答] 0.37m

[解説] まず大腿部、下腿部、足部の反時計回りのモーメントを計算します。力のモーメントは、

　　力×回転軸から力の作用線までの距離
　　　　　　　　　　　　――基本式①

で求められることは、本文で学びました。ここでいう力は各部位の重心、距離は回転軸である股関節軸心から各部位の重心までの値になります。各部位のモーメントを基本式①に当てはめて求めてみましょう。

●大腿部のモーメント

力＝大腿部重心（7.0kg重）、距離＝0.2mなので、

7.0kg重×0.2m＝1.4kg重m

●下腿部のモーメント

力＝下腿部重心（3.0kg重）、距離＝0.6mなので、

3.0kg重×0.6m＝1.8kg重m

●足部のモーメント

力＝足部重心（1.0kg重）、距離＝0.9mなので、

1.0kg重×0.9m＝0.9kg重m

これらの総和4.1kg重m（1.4＋1.8＋0.9＝4.1）が下肢の合成重心（A）におけるモーメントになります。

下肢の重さは大腿部、下腿部、足部の重さの総和11kg重（7.0＋3.0＋1.0＝11.0）に等しいので、AB間の距離をLとし、基本式①にあてはめると、以下の等式が成立します。

11kg重×L＝4.1kg重m

$$\therefore L = \frac{4.1 kg重m}{11 kg重}$$
$$= 0.3727\cdots\cdots m$$

小数点以下第3位を四捨五入すると、答えは0.37m。

問題2

[解答] 8倍

[解説] 出題者が求めているのは、てこの原理に関する基礎知識です。てこの原理は力のモーメントを応用したものです。簡単に言えば、少ない力で大きなものを動かしたり、小さな運動を大きな運動に変えることができるしくみのことです。

てこの原理には、支点（回転の中心）、力点（力を加える点）、作用点（てこによって生み出された力がほかに作用する点）が登場します。この3つの点の位置関係により、てこの原理は3種類に分類されますが、どれも支点を中心とした右と左のそれぞれの力のモーメントが同じであれば、つり合っている状態となります（P.114図1）。

■図1　3種類のてこの原理

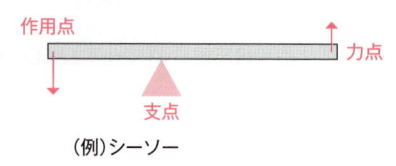

①第1種のてこの原理

作用点　　　　　力点
　　　　支点
（例）シーソー

②第2種のてこの原理

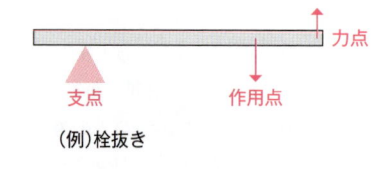

　　　　　　　　力点
支点　　作用点
（例）栓抜き

③第3種のてこの原理

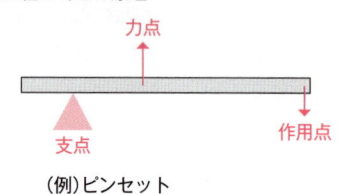

　　　力点
支点　　　　作用点
（例）ピンセット

　問題2の図では、肘関節が支点、玉を持っている手が作用点、その間に力を発揮する力点があります。つまり、第3種のてこの原理になります。

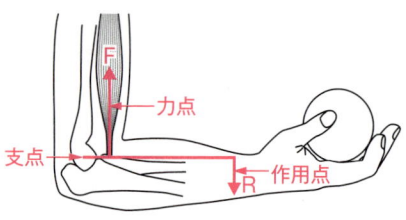

力点／支点／作用点（F, R）

基本式は、
$F \times 3\text{cm} = R \times (3+21)\text{cm}$
$F = \dfrac{24}{3} \times R = 8 \times R$
したがって、答えは8倍です。

演習問題 （P.75）　3

問題1　[解答] 風船は膨らむ

[解説] ゴム膜を下に引っ張ると容器の容積が増えます。ボイル・シャルルの法則により、「温度が一定のとき容積と圧力の積は一定」なので、容器中の圧力（P_1）は1気圧よりも小さくなります。これに対して風船の中の圧力（P_2）は不変。つまりゴム製の膜を引っ張ると、$P_2 = 1$気圧$> P_1$の関係が生じます。したがって、風船が膨らむのは間違いなしです。ただし、どれくらい膨らむかは引っ張り力によります。

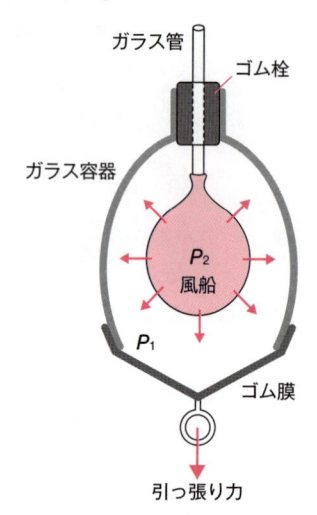

ガラス管／ゴム栓／ガラス容器／P_2 風船／P_1／ゴム膜／引っ張り力

　この実験の装置は、肺の呼吸機能を表すのによく使われるものです。
　まずは、呼吸運動についておさらいしましょう。呼吸とは、吸気（＝空気を吸う）と呼気（＝空気を吐く）の動作の繰り返しによって成り立っています。
　実験では、ガラス容器＝胸郭、風船＝肺、ガラス管＝気管、引っ張り力＝横隔膜を表しています。吸気時は、下から引っ張られ、ガラス管の中の容積が増え、ボイルの法則（＝一定の温度下では、気体の圧力と体積は反比例する）によって風船の中の圧力は下がります。風船の中が陰圧になることで、外から空気が吸い込まれます。
　反対に、呼気時は引っ張るのを止めたことになります。ガラス管の容積は減り、風船の中の圧力は上がっていきます。そして、風船の中の空気が外に出ていくのです。

演習問題 (P.79) 4

問題1

[解答] 約3100万個

[解説1] ナトリウムイオンは1モル分（＝6.02×10^{23}個）で96500クーロンの電荷を運びます。したがって、求める個数は、

$$個数 = 6.02 \times 10^{23}個 \times \frac{5pC}{96500C}$$

$$= 6.02 \times 10^{23}個 \times \frac{5 \times 10^{-12}}{9.65 \times 10^{4}}$$

$$(\because pC = 10^{-12}C)$$

$$= 6.02 \times 10^{23}個 \times (\frac{5}{9.65} \times 10^{-16})$$

$$(\because \frac{10^{-12}}{10^{4}} = 10^{-16})$$

$$= 6.02 \times \frac{5}{9.65} \times 10^{7}個$$

$$(\because 10^{23} \times 10^{-16} = 10^{7})$$

$$= \frac{30.1}{9.65} \times 10^{7}個$$

$$\fallingdotseq 3.11 \times 10^{7}個 \cdots 約3100万個$$

3000万個と聞いてびっくりするかもしれませんが、神経細胞の中には数兆個のナトリウムイオンが存在しているため、オリンピックプールにバケツ1杯分の水を注いだ程度の影響しかありません。

[解説2] 電気素量（1.602×10^{-19}C）を利用する方法です。電子1個、あるいはイオン1個でこれだけ運べるので、5pCを運ぶには何個必要ですかということ。比例式にすると、

$$1 : 1.602 \times 10^{-19}C = x : 5pC$$

$$\therefore x = \frac{5pC}{1.602 \times 10^{-19}C}$$

$$= \frac{5 \times 10^{-12}}{1.602 \times 10^{-19}}$$

$$= \frac{5}{1.602} \times 10^{7}$$

$$(\because \frac{10^{-12}}{10^{-19}} = 10^{7})$$

$$\fallingdotseq 3.12 \times 10^{7}個$$

ちなみに、1Cを運ぶのに必要な電子やイオンの数は6.24×10^{18}個です。

演習問題 (P.80) 5

問題1

[解答] 7.35×10^{-5}m/s

[解説] 電流の定義により、次の等式が成立します。

電流(A) ＝ 電気素量(C/個) × 自由電子の密度(個/m³) × 自由電子の平均移動速度(m/s) × 銅線の断面積(m²)

したがって、

自由電子の平均移動速度

$$= \frac{電流量}{電気素量 \times 自由電子の密度 \times 銅線の断面積}$$

$$= \frac{100}{1.6 \times 10^{-19} \times 8.5 \times 10^{28} \times 10^{-4}}$$

$$(\because 1cm^{2} = 10^{-4}m^{2})$$

$$= \frac{100}{13.6 \times 10^{5}}$$

$$\fallingdotseq 7.35 \times 10^{-5} m/s$$

演習問題 (P.82) 6

問題1

[解答]

（グラフ：V軸とI軸の座標平面上に、原点を通る4本の直線。$R=3Ω$、$R=2Ω$、$R=1Ω$、$R=0.5Ω$。軸の目盛りは$+5$、-5）

[解説] それぞれの抵抗について、オームの法則（$V=IR$）を考えると、Rが$0.5Ω$のときは、$V=0.5I$が成立します。これはVとIが直線的な比例関係にあることを示します。Iが0のときはVも0、Iが5のときのVは2.5なので、求める比例関係は原点と、Iが5でVが2.5の2点を通る直線になります。ほかの3つの抵抗の場合も同様に考えると、

$1Ω$のときは、$V=I$

$2Ω$のときは、$V=2I$

$3Ω$のときは、$V=3I$

がそれぞれ成立します。これらをグラフ化すると解答の図のようになります。

問題2

[解答]

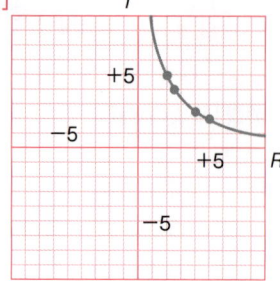

(グラフ: 双曲線 I = 10/R が第一象限に描かれている)

[解説] オームの法則（$V=IR$）から、

$$I = \frac{V}{R} = \frac{10}{R}$$

が成り立ちます。これはIとRが比例定数を10とする反比例の関係にあることを示しています。Rに適当な数値を代入しながらグラフを完成させると、解答のような双曲線が得られます。

問題3

[解答] R_1を流れる電流：0.05A、
B点の電位：－4V

[解説] まず、回路の合成抵抗を計算すると、電流は一本道に流れているため、R_1とR_2は直列接続だとわかります。直列接続の合成抵抗は、各抵抗の和であることは先ほど学びました。

合成抵抗＝R_1+R_2＝80＋120＝200Ω

回路を流れる電流をI（単位はA）とすると、オームの法則から、

$I×200Ω=10V$

$I=\dfrac{10}{200}=0.05$

（単位の組み立ては、$\dfrac{V}{Ω}=A$）

0.05AがR_1を流れる電流の値です。

続けてB点の電位を求めましょう。

R_1による電圧降下＝0.05A×80Ω＝4V

したがって、B点の電位はA点より4V（R_1による電圧降下分だけ）低い。

ということは、A点をアース、つまり電位0にすると、B点の電位は－4V（∵0－4＝－4）になります。

問題4

[解答] 0.3A

[解説] まずR_2とR_3の合成抵抗をR_4（単位はΩ）とすると、

$$\frac{1}{R_4} = \frac{1}{R_2} + \frac{1}{R_3}$$

$$= \frac{1}{4} + \frac{1}{12}$$

（分母の数字が異なるので通分が必要）

$$= \frac{3}{12} + \frac{1}{12}$$

（4と12の最小公倍数は12）

$$= \frac{4}{12}$$

（通分したので分子同士の加法が可能）

$$= \frac{1}{3}$$ （約分）

∴ $R_4=3Ω$

回路全体の合成抵抗は5Ω（∵$R_1+R_4=2+3=5$）なので、R_1とR_4を流れる電流をI（単位はA）とすると、

$I×5Ω=6V$

$I=\dfrac{6}{5}=1.2A$

（単位の組み立ては、$\dfrac{V}{Ω}=A$）

∴ R_3の両端にかかる電圧＝6－1.2×2
　　　　　　　　　　　＝3.6V

∴ R_3を流れる電流＝$\dfrac{3.6V}{12Ω}$＝0.3A

演習問題 (P.91) 7

問題1

[解答] 3.92m

[解説] 求める波長を$λ$（m）とすると、

光速＝周波数×波長

という等式が成立します。

∴ 波長＝$\dfrac{光速}{周波数}$

$$= \frac{300000 (km/s)}{76.5×10^6 (s^{-1})}$$

（∵周波数の単位はs^{-1}）

$$= \frac{300000000 (m/s)}{76.5×10^6 (s^{-1})}$$

（∵1km＝1000m）

$$= \frac{3×10^8}{76.5×10^6}$$ （次元は$\dfrac{m}{s}×s=m$）

$=0.0392×10^2m$

$=3.92m$

ここで周波数の単位についてみていきまし

ょう。

s⁻¹と解法では登場しましたが、周波数の単位の名前はヘルツ（Hz）だったはずです。少し混乱しそうですが、このヘルツを7つの国際基本単位で表したのが、s⁻¹というわけです。これを国際組立単位と呼びましたね。代表的なものはほかに、力（ニュートン）、圧力（パスカル）、電気抵抗（オーム）などがあります。

このように、国際組立単位のなかには利便性から、固有の名前や単位が与えられているものがあります。

演習問題 （P.95） 8

問題1

[解答] $\sqrt{2}$ 倍（約1.4倍）

[解説] P.95表1を利用すれば一発（答えは$\sqrt{2}$倍、つまり約1.4倍）ですが、一応考え方を説明します。

クーラー音の音圧をPとすると、デシベルの定義は

$$dB = 20 \times \log\left(\frac{P}{20\mu Pa}\right)$$

です。

故障前の音圧をP_1、故障後の音圧をP_2とすると、

$$50 = 20 \times \log\left(\frac{P_1}{20\mu Pa}\right) \text{──式①}$$

$$53 = 20 \times \log\left(\frac{P_2}{20\mu Pa}\right) \text{──式②}$$

が成り立ちます。式②から式①を引くと、

$$20 \times \log\left(\frac{P_2}{20\mu Pa}\right) - 20 \times \log\left(\frac{P_1}{20\mu Pa}\right) = 3$$
$$\text{──式③}$$

となります。式③から$\frac{P_2}{P_1}$を求めるとそれが正解になります。

式③の両辺を20で割ると、

$$\log\left(\frac{P_2}{20\mu Pa}\right) - \log\left(\frac{P_1}{20\mu Pa}\right) = 0.15$$

$$(\log P_2 - \log 20\mu Pa) - (\log P_1 + \log 20\mu Pa) = 0.15$$

$$\log P_2 - \log P_1 = 0.15$$

$$\log\left(\frac{P_2}{P_1}\right) = 0.15$$

グラフからy値が0.15になるようなx値を探すと、約1.4が得られます

$$\therefore \frac{P_2}{P_1} \fallingdotseq 1.4 \text{……答えは約1.4倍}$$

演習問題 （P.109） 9

[解答] 1

演習問題 （P.110） 10

問題1

[解答] 233

[解説] $237 - 4 = 233$

$$^{237}_{94}Pu \rightarrow {}^{233}_{92}U + {}^{4}_{2}He$$

問題2

[解答] α粒子、α線、ヘリウム原子核のいずれか

演習問題 （P.111） 11

[解答] 1

巻末資料

数学・物理の重要公式集

本書に出てくる重要な公式をまとめました。また、覚えおくと役立つ公式も併せて紹介します。

数　学

累乗

同じ数を複数回掛け合わせることを**累乗**という。

$a^0 = 1$　　　　$a^{-n} = \dfrac{1}{a^n}$ $(a \neq 0)$

$a^m \times a^n = a^{m+n}$　　$a^m \div a^n = a^{m-n}$ $(m > n$ならば$)$

$(a^m)^n = a^{mn}$　　　$(ab)^m = a^m b^m$

平方根

2乗して（＝平方して）aになる数をaの**平方根**という。正の数aの平方根は、正と負の2つある。

指数関数

$y = a^x$で表される関数（aは1ではない正の定数）

対数関数

$a^n = N$を$\log_a N = n$と表す。ただし、$a > 0$、$a \neq 1$、$N > 0$。

$a > 0$、$a \neq 1$、$M > 0$、$N > 0$とすると、

$\log_a 1 = 0$　　$\log_a a = 1$　　$\log_a a^m = m$

$\log_a M + \log_a N = \log_a MN$

$\log_a M - \log_a N = \log_a \dfrac{M}{N}$

分数

足し算・引き算：分母の最小公倍数で通分して計算する。

$\dfrac{A}{C} + \dfrac{B}{C} = \dfrac{A+B}{C}$　　$\dfrac{A}{C} - \dfrac{B}{C} = \dfrac{A-B}{C}$

かけ算・わり算

$\dfrac{A}{B} \times \dfrac{C}{D} = \dfrac{A \times C}{B \times D}$　　$\dfrac{A}{B} \div \dfrac{C}{D} = \dfrac{A}{B} \times \dfrac{D}{C} = \dfrac{A \times D}{B \times C}$

等式の性質

$A = B$のとき、

$A + C = B + C$　　$A - C = B - C$

$A \times C = B \times C$　　$\dfrac{A}{C} = \dfrac{B}{C}$ $(C \neq 0)$

比例

比例のグラフは原点0を通る。$a > 0$のとき右上がり、$a < 0$のとき右下がりとなる。

$Y = aX$（aは比例定数）

反比例

反比例のグラフは原点0を対象とした双曲線になる。$a > 0$のときは右上と左下、$a < 0$のとき右下と左上に双曲線が現れる。

$XY = a$　　　$Y = \dfrac{a}{X}$（aは比例定数）

球の面積

$\dfrac{4}{3} \times \pi r^3$　　　$r =$ 球の半径

モル濃度

モル濃度$(mol/L) = \dfrac{溶質の物質量(mol)}{溶液の体積(L)}$

物質量の計算

物質量$(M) = \dfrac{質量(g)}{モル質量(g/M)}$

当量の計算

1M＝1Eqの関係が成り立つ電解質溶液の場合

物質量$(g) =$ 当量当たりの物質量$(g/Eq) \times$ 当量数(Eq)

モル質量$(g/M) =$ 当量当たりの物質量(g/Eq)

ブドウ糖のカロリー計算

カロリー数＝ブドウ糖の量×1gのブドウ糖が供給するカロリー数

必要薬液量の計算（w/v%濃度の薬液の希釈）

$$必要薬液量 = \frac{作成液量}{(原液濃度 \div 希釈濃度)}$$

必要希釈液量の計算

$$必要希釈液量 = \frac{使用薬液量 \times (原液濃度 - 使用濃度)}{使用濃度}$$

点滴速度に関する計算

$$点滴速度(mL/h) = \frac{点滴量(mL)}{時間(h)}$$

滴下速度に関する計算

$$滴下速度(滴数/分) = \frac{液量(滴数)}{時間(分)}$$

酸素ボンベに関する計算

$$酸素ボンベの使用可能時間(分) = \frac{酸素残量(L)}{酸素流量(L/分)}$$

$$酸素残量 = ボンベの容量(L) \times \frac{圧力計が表示する内圧(MPa)}{充填時内圧(MPa)}$$

単位の換算

1kg=1000g	1g=1000mg
1mg=1000μg	1L=1000mL
1dL=100mL	1mL=1cc

圧力の換算

Pa	mmHg	気圧
1	0.0075	9.87×10^{-6}
9.8	0.0735	9.68×10^{-5}
133	13.6	1.32×10^{-3}
97.8	0.735	9.67×10^{-4}
1.013×10^5	760	1

物 理

力のモーメント

力のモーメント(Nm)＝力(N)×回転軸から力の作用線までの距離(m)

パスカルの原理

閉じこめられた流体の一部に圧力を加えると、その圧力は流体のすべてに伝わる。

アルキメデスの原理

液体中の物体は、その物体と同じ体積の液体の重さに等しい浮力を受ける。

仕事

単位はJ（ジュール）。J＝N・m

$$W = F \times s$$

W＝仕事(J)、F＝一定の力(N)、s＝距離(m)

仕事率

単位はW（ワット）。

$$P(W) = \frac{W}{t}$$

P＝仕事率(W)、W＝仕事(J)、t＝仕事するのにかかる時間(s＝秒)

気体の圧力

1気圧＝760mmHg＝1013hPa＝$1.013 \times 10^5 N/m^2$

ボイルの法則

温度が一定の場合、気体の圧力はその体積と反比例する。

$$pV = K（一定）$$

p＝気体の圧力(Pa)、V＝気体の体積(m^3)、K＝定数

シャルルの法則

圧力が一定の場合、気体の体積は絶対温度に比例する。

$$\frac{V}{T} = K（一定）$$

V＝気体の体積(m^3)、T＝絶対温度(K)、K＝定数

ボイル・シャルルの法則

ボイルの法則とシャルルの法則をまとめたもの。

$$\frac{pV}{T} = K（一定）$$

p＝気体の圧力(Pa)、V＝気体の体積(m^3)、T＝絶対温度(K)、K＝定数

分圧の法則

2種類の気体を混合した場合、各気体成分の圧力（＝分圧）の和に等しい。

$$p = p_A + p_B$$

p＝混合後の圧力、p_A、p_B＝各気体の圧力

オームの法則

金属線を流れる電流量は、金属線の両端の電圧に比例する。

$$V = IR$$

V＝電圧(V)、I＝電流(A)、R＝電気抵抗(Ω)

直列に接続された抵抗の合成抵抗

各抵抗の和に等しい。

$$R = R_1 + R_2$$

R＝合成抵抗、R_1、R_2＝各抵抗

並列に接続された抵抗の合成抵抗の逆数

各抵抗値の逆数の和に等しい。

$$\frac{1}{R} = \frac{1}{R_1} + \frac{1}{R_2}$$

右ねじの法則

電流を右ねじの進む向きに流すと、右ねじを回す向きの磁場が生じる。

フレミングの左手の法則

力（電磁力）と磁場と電流の関係を示す。

親指＝力（電磁力）、示指＝磁場、中指＝電流

キルヒホッフの第1法則

ある1つの電流分岐点に流れ込む電流の総和は、その分岐点から流れ出る電流の総和に等しい。

キルヒホッフの第2法則

ある任意の電流回路について、起動力の代数和は抵抗による電圧降下の代数和に等しい。

電磁波

$$c = f\lambda$$

c＝光速、f＝振動数(Hz)、λ＝波長(m)

平方・立方・平方根

n	n^2	n^3	$\sqrt{n}$
1	1	1	1.0000
2	4	8	1.4142
3	9	27	1.7321
4	16	64	2.0000
5	25	125	2.2361
6	36	216	2.4495
7	49	343	2.6458
8	64	512	2.8284
9	81	729	3.0000
10	100	1000	3.1623

INDEX 索引

略語・欧文

- BMI ……… 38
- CGS 単位系 ……… 64
- MKSA 単位系 ……… 64
- MSK 単位系 ……… 64
- Torr ……… 25
- w/v% ……… 29
- XY プロット ……… 43
- X 線写真 ……… 106

和文

あ
- アース ……… 90
- アイントホーフェンの法則 ……… 87
- 圧力 ……… 70
- アトウォーターの指数 ……… 40
- アボガドロ数 ……… 27
- アルキメデスの定理 ……… 71
- アルファ線 ……… 104
- 安定同位体 ……… 108
- アンペア ……… 80

い
- 位置エネルギー ……… 72

う
- 腕の長さ ……… 66
- 運動エネルギー ……… 72

え
- エックス線 ……… 104
- 円グラフ ……… 47
- 円周率 ……… 24

お
- オーム ……… 81
- オームの法則 ……… 81
- 凹レンズ ……… 101
- 音 ……… 92
- 音速 ……… 96
- 温度 ……… 20
- 音波 ……… 92、93

か
- 壊変 ……… 110
- 外部被曝 ……… 110
- カウプ指数 ……… 38
- 核医学 ……… 108
- 拡張期血圧 ……… 71
- 華氏温度 ……… 27
- 可視光線 ……… 98
- 括線 ……… 10
- 仮分数 ……… 10
- カロリー計算 ……… 40
- 眼球結膜 ……… 100
- 眼瞼結膜 ……… 100
- 看護計算 ……… 30
- 間接法 ……… 96
- 眼房水 ……… 100
- ガンマ線 ……… 104
- 簡約 ……… 13

き
- 気圧 ……… 70
- 気体定数 ……… 74
- 逆数 ……… 10
- 吸光 ……… 101

- 吸収線量 ……… 111
- 強膜 ……… 100
- 許容被曝量 ……… 112
- キルヒホッフの法則 ……… 86
- キルヒホッフの第1法則 ……… 86
- キルヒホッフの第2法則 ……… 87
- 近視 ……… 101

く
- グレイ ……… 111

け
- 血圧 ……… 71
- 原子 ……… 76
- 原子番号 ……… 76

こ
- 虹彩 ……… 100
- 甲状腺シンチグラフィー ……… 108
- 光度 ……… 20
- 光波 ……… 92、98
- 公倍数 ……… 15
- 公約数 ……… 13
- 交流電源 ……… 88
- 国際組立単位 ……… 20
- コロトコフ音 ……… 96
- コンデンサー ……… 83

さ
- 最小感知電流 ……… 89
- 最小公倍数 ……… 15
- 細胞膜 ……… 83
- 三角関数 ……… 69
- 酸素ボンベ ……… 37、74
- 散瞳 ……… 98

し

- 散布図 ……… 46
- シーベルト ……… 111
- 紫外線 ……… 98
- 時間 ……… 20
- 仕事 ……… 72
- 仕事率 ……… 72
- 四捨五入 ……… 12
- 指数 ……… 8
- 指数関数 ……… 9
- 自然数 ……… 7
- 実効線量 ……… 111
- 質量 ……… 20、60
- 磁場 ……… 84
- 周期 ……… 92
- 収縮期血圧 ……… 71
- 自由電子 ……… 78
- 重力 ……… 62
- 重力加速度 ……… 63
- ジュール ……… 72、73
- ジュール熱 ……… 76
- 縮瞳 ……… 98
- 硝子体 ……… 100
- 消費電力 ……… 76
- シンチグラフィー ……… 108
- 心電図 ……… 44
- 振動数 ……… 92
- 心拍数トレンドグラフ ……… 44
- 振幅 ……… 92
- 真分数 ……… 10

す

- 水銀柱ミリメートル ……… 25
- 水晶体 ……… 100
- スカラー量 ……… 65

せ

- 正数 ……… 7
- 整数 ……… 7
- 正電荷 ……… 78
- 静電気 ……… 78
- 静電序列 ……… 79
- 赤外線 ……… 98
- 赤血球 ……… 101
- 摂氏温度 ……… 26
- 絶対0度 ……… 26
- 絶対屈折率 ……… 99
- 接頭語 ……… 21
- セミログプロット ……… 45

そ

- 双曲線 ……… 19
- 相対屈折率 ……… 99
- 増幅率 ……… 95
- 組織荷重係数 ……… 111

た

- 対数関数 ……… 9
- 帯電 ……… 78
- 帯電列 ……… 79
- 帯分数 ……… 10
- ダイン ……… 64
- 弾性エネルギー ……… 72

ち

- 力のモーメント ……… 65
- 中性子 ……… 77
- 張力 ……… 62

つ

- 追跡子 ……… 108
- 通分 ……… 15

て

- 抵抗 ……… 81
- 滴下速度 ……… 33
- デシベル ……… 94
- 電界 ……… 78
- 電気コード ……… 90
- 電気素量 ……… 79
- 電気抵抗 ……… 81
- 電子 ……… 76
- 電磁波 ……… 91
- 点滴速度 ……… 33
- 電場 ……… 78
- 電波 ……… 91
- 電流 ……… 20、78
- 電力 ……… 76

と

- 等価線量 ……… 111
- 瞳孔括約筋 ……… 100
- 瞳孔散大 ……… 98
- 瞳孔散大筋 ……… 100
- 瞳孔縮小 ……… 98
- 等式 ……… 17
- 導体 ……… 78
- ドップラー効果 ……… 96
- トルク ……… 65
- トレーサー ……… 108

な

- 内部被曝 ……… 110
- 長さ ……… 20、22
- 波 ……… 92

に

- ニュートン ……… 62

ね

- 熱エネルギー ……… 73
- 熱型表 ……… 42
- 熱の仕事当量 ……… 73

は

- 媒質 ……… 92
- パスカル ……… 25
- パスカルの定理 ……… 71
- 波長 ……… 92
- パルスオキシメーター ……… 101
- 半減期 ……… 111
- 反比例 ……… 18

ひ

- 光 ……… 92
- 非放射性同位体 ……… 108
- 肥満度 ……… 38
- 百分率 ……… 12
- 比例 ……… 18

ふ

- ファラド ……… 83
- ファラデー定数 ……… 79
- フィルムバッジ ……… 107
- 負数 ……… 7
- 物質量 ……… 20、27
- 負電荷 ……… 78
- 不導体 ……… 78
- 負の整数 ……… 7
- フレミングの左手の法則 ……… 84、85
- 分圧の法則 ……… 75
- 分子 ……… 10
- 分数 ……… 10
- 分母 ……… 10

へ

- 平方根 ……… 8
- 平方メートル ……… 22
- ベータ線 ……… 104
- ヘクタール ……… 22
- ヘクトパスカル ……… 25
- ベクトル量 ……… 65
- ベクレル ……… 107、111
- ヘモグロビン ……… 101
- ベル ……… 94
- ベルゴニー・トリボンドーの法則 ……… 107
- 変位 ……… 92
- 片対数プロット ……… 45

ほ

- ボイル・シャルルの法則 ……… 74
- ボイルの法則 ……… 73
- 崩壊 ……… 110
- 棒グラフ ……… 46
- 放射性核種 ……… 108
- 放射性荷重係数 ……… 111
- 放射性同位体 ……… 108
- 方程式 ……… 17
- 方程式の解 ……… 17

ま

- 膜容量 ……… 83
- マクロショック ……… 89

み

- 右ねじの法則 ……… 84
- ミクロショック ……… 89
- 密度 ……… 60
- 脈絡膜 ……… 100

ミリ当量············28		立方メートル············22
む		利得············95
無次元数············21	**や**	粒子線············104、105
無名数············7	約数············13	緑内障············100
め	約分············13	**る**
メートル············22	薬用量············30	累乗············8
名数············7	**よ**	**れ**
メガパスカル············25	陽イオン化············78	レントゲン············107
も	溶液············28	**ろ**
毛様体············100	陽子············76	ローレル指数············38
毛様体筋············100	溶質············28	**わ**
毛様体小体············100	溶媒············28	ワット············72、76
モル質量············27	**り**	
モル数············27	力価············30	
	理想気体の状態方程式············75	
	離脱電流············89	

引用・参考文献

1. J. D. Gatford, C. N. Phillips 著, 時政孝行 訳：看護計算　薬用量計算トレーニング. エルゼビア・ジャパン, 東京, 2007.
2. 時政孝行：与薬に必須の計算能力の向上・教授法, 看護教育 2008；3.
3. 時政孝行：今さら聞けない　看護に必要な理科・数学の基本知識, プチナース 2008；10.
4. 平田雅子：NEW ベッドサイドを科学する―看護に生かす物理学―. 学研メディカル秀潤社, 東京, 2000.
5. 時政孝行 編著：なぜこうなる？　心電図　波形の成立メカニズムを考える. 九州大学出版会, 福岡, 2007.
6. 時政孝行 編著：高齢者医療ハンドブック. 九州大学出版会, 福岡, 2007.

著者
時政孝行 Takayuki Tokimasa

1981年久留米大学大学院修了。マサチューセッツ工科大学研究員、東海大学教授などを経て、2001年から久留米大学客員教授（生理学）。2015年医療法人芳英会参与。

プチナースBOOKS
看護に必要な やりなおし数学・物理

2013年12月4日　第1版第1刷発行	著　者	時政　孝行
2024年 2月10日　第1版第11刷発行	発行者	有賀　洋文
	発行所	株式会社　照林社
		〒112-0002
		東京都文京区小石川2丁目3-23
		電話　03-3815-4921（編集）
		03-5689-7377（営業）
		https://www.shorinsha.co.jp/
	印刷所	大日本印刷株式会社

●本書に掲載された著作物（記事・写真・イラスト等）の翻訳・複写・転載・データベースへの取り込み、および送信に関する許諾権は、照林社が保有します。

●本書の無断複写は、著作権法上での例外を除き禁じられています。本書を複写される場合は、事前に許諾を受けてください。また、本書をスキャンしてPDF化するなどの電子化は、私的使用に限り著作権法上認められていますが、代行業者等の第三者による電子データ化および書籍化は、いかなる場合も認められていません。

●万一、落丁・乱丁などの不良品がございましたら、「制作部」あてにお送りください。送料小社負担にて良品とお取り替えいたします（制作部 ☎0120-87-1174）。

検印省略（定価はカバーに表示してあります）
ISBN978-4-7965-2311-0
©Takayuki Tokimasa/2013/Printed in Japan

看護に必要な 数式カード

プチナースBOOKS BASIC

ここから切り取ってください

ご使用上の注意

- カードを切り離す際には、あらかじめシート全体を内側のミシン目に沿って切り取り、それから各カードを切り離してください。
- 切り口などで手を切らないように、十分にご注意ください。
- 各カードの端についている定規の目盛りは、目安としてお使いください。

Card 1 滴下数／薬量計算式

オリジナル 数式カード 1 — 看護に必要な 滴下数／薬量計算式

1分間の滴下数の求め方

輸液セットの1mL当たりの滴下数	
成人用セット	20滴/mL
小児用または定量精密輸液セット	60滴/mL

$$\text{滴下数（滴/分）} = \frac{\text{輸液セットの1mL当たりの滴下数} \times \text{指示輸液総量（mL）}}{\text{指示輸液時間（分）}}$$

1分間の滴下数の求め方（応用編）

20滴/mLの輸液セットの場合
指示輸液総量（mL）÷3÷指示輸液時間（時）

60滴/mLの輸液セットの場合
指示輸液総量（mL）÷指示輸液時間（分）

例）点滴静脈内注射1800mL/日を行うとき、一般用輸液セット（20滴≒1mL）を使用した場合の1分間の滴下数
指示輸液時間（分）＝24×60＝1440
滴下数（滴/分）＝ $\frac{20 \times 1800}{1440} = \frac{36000}{1440} = 25$（滴/分）

点滴時間（分）の求め方

$$\text{点滴時間（分）} = \frac{\text{輸液セットの1mL当たりの滴下数} \times \text{指示輸液総量（mL）}}{\text{指示滴下数（滴/分）}}$$

例）点滴静脈内注射1800mL/日を行うとき、一般用輸液セット（20滴≒1mL）を使用した場合の1分間の滴下数
1800÷3÷24＝25（滴/分）

照林社

Card 2 薬液量／酸素ボンベ

オリジナル 数式カード 2 — 看護に必要な 薬液量

酸素ボンベ

圧力計が表示する内圧(MPa)
$$\text{酸素残量} = \text{ボンベの全容量(L)} \times \frac{\text{圧力計が表示する内圧(MPa)}}{\text{充填時内圧(MPa)}}$$

酸素残量の求め方

$$\text{酸素残量（L）}$$

使用可能時間（分）の求め方

$$\text{酸素ボンベの使用可能時間（分）} = \frac{\text{酸素残量（L）}}{\text{酸素流量（L/分）}}$$

薬液量

溶液をつくるときの必要希釈液量（w/v%濃度の希釈）

$$\text{必要希釈液量} = \text{使用液量} \times \frac{\text{原液濃度} - \text{使用濃度}}{\text{使用濃度}}$$

希釈濃度の求め方

$$\text{希釈濃度} = \frac{\text{原液濃度}}{\text{希釈倍数}}$$

溶液をつくるときの必要薬液量（w/v%濃度の希釈）

$$\text{必要薬液量} = \frac{\text{作成液量}}{\text{（原液濃度÷希釈濃度）}}$$

例）5%グルコン酸クロルヘキシジンを用いて0.2%希釈液1000mLをつくるのに必要な薬液量
$\frac{1000}{5 \div 0.2} = \frac{1000}{25} = 40\text{mL}$

照林社

Card 3 BMI／小児の発達指数

オリジナル 数式カード 3 — 看護に必要な BMI／小児の発達指数

BMI

$$\text{BMI} = \frac{\text{体重（kg）}}{\text{身長（m）} \times \text{身長（m）}}$$

理想体重（kg）の求め方

理想体重(kg)＝身長(m)×身長(m)×22

肥満の判定基準

判定	BMI	肥満度※
やせ	18.5未満	−15％未満
普通	18.5以上25.0未満	−15〜15％
肥満1	25.0以上30.0未満	15%以上
肥満2	30.0以上35.0未満	
肥満3	35.0以上40.0未満	
肥満4	40.0以上	

※肥満度とは、理想体重と実測体重との比率
（日本肥満学会・WHO）

小児の発達指数（乳幼児の発育をみる指標）

カウプ指数（乳幼児の発育をみる指標）

カウプ指数＝体重[g]÷(身長[cm])²×10

※15〜19：標準

ローレル指数（学童の発育をみる指標）

ローレル指数＝体重[g]÷(身長[cm])³×10⁴

※120〜140：標準

肥満度

肥満度(%)＝{(実測体重[kg]−標準体重[kg])÷標準体重[kg]}×100

※幼児期では15%以上、学童期以降では20%以上が肥満

照林社

看護に必要な 数式カード

プチナースBOOKS BASIC

『看護に必要な やりなおし生物・化学』といっしょに活用してね

ここから切り取ってください

Card 1 滴下数の早見表／維持輸液量

オリジナル 看護に必要な 数式カード①

1分間の滴下数（1分当たり○滴）滴下数の早見表

輸液セット		500mL			200mL		
時間		20滴/mL	60滴/mL	20滴/mL	60滴/mL
30 分		333.3	1000	133.3	400
1 時間		166.6	500	66.7	200
2 時間		83.3	250	33.3	100
3 時間		55.6	166.7	22.2	66.7
4 時間		41.7	125	16.7	50
5 時間		33.3	100	13.3	40
6 時間		27.8	83.3	11.1	33.3
7 時間		23.8	71.4	9.5	28.6
8 時間		20.8	62.5	8.3	25
9 時間		18.5	55.6	7.4	22.2
10 時間		16.7	50	6.7	20
12 時間		13.9	41.7	5.6	16.7
24 時間		6.9	20.8	2.8	8.3

※小数点以下は下2ケタで四捨五入

維持輸液量

4-2-1ルール（mL/時の計算）

体重	4-2-1ルール（mL/時）
10kg以下	4mL/kg/時×体重（kg）
10〜20kg	2mL/kg/時×(体重 [kg] −10) + 40mL/時
20kg以上	1mL/kg/時×(体重 [kg] −20) + 60mL/時

100-50-20ルール（mL/日の計算）

体重	100-50-20ルール（mL/日）
10kg以下	100mL/kg×体重（kg）
10〜20kg	50mL/日×(体重 [kg] −10) + 1000
20kg以上	20mL/日×(体重 [kg] −20) + 1500

照林社

Card 2 単位の変換

オリジナル 看護に必要な 数式カード②

単位の変換

質量

1kg	キログラム	1000g
1g	グラム	1000mg
1mg	ミリグラム	1000μg
1μg	マイクログラム	1000ng
1ng	ナノグラム	1000pg
1pg	ピコグラム	1000ag
1ag	アトグラム	10^{-15}g

体積

1L	リットル	10dL/1000mL
1dL	デシリットル	1000mL
1mL	ミリリットル	1000μL
1μL	マイクロリットル	1000nL
1nL	ナノリットル	1000pL
1pL	ピコリットル	10^{-15}L
1mL		1cm³/cc
1L		1000cm³

長さ

1km	キロメートル	1000m
1m	メートル	1000mm
1cm	センチメートル	10mm
1mm	ミリメートル	1000μm
1μm	マイクロメートル	10^{-3}m

面積

1km²	平方キロメートル	100ha
1ha	ヘクタール	100a
1a	アール	100m²
1m²	平方メートル	10000cm²

物質量

1mol	モル	1000mmol
1mmol	ミリモル	1000μmol
1μmol	マイクロモル	10^{-3}mol

※1mol＝原子が6.02×10²³個集まった重さ

その他

1Torr	トル	1mmHg
1mmHg	ミリメートル水銀柱	1Torr
1cmH₂O	センチメートル水柱	0.0075mmHg または Torr
1Pa	パスカル	1Torr≒1mmHg≒1.3595Torr≒98.0665Pa
1hPa	ヘクトパスカル	100Pa
1kPa	キロパスカル	1000Pa

照林社

Card 3 栄養のアセスメント

オリジナル 看護に必要な 数式カード③

栄養のアセスメント

1日の推定エネルギー必要量（kcal/日）

年齢	男性			女性		
	身体活動レベル			身体活動レベル		
	Ⅰ	Ⅱ	Ⅲ	Ⅰ	Ⅱ	Ⅲ
0〜5（月）	—	550	—	—	500	—
6〜8（月）	—	650	—	—	600	—
9〜11（月）	—	700	—	—	650	—
1〜2（歳）	—	1,000	—	—	900	—
3〜5（歳）	—	1,300	—	—	1,250	—
6〜7（歳）	1,350	1,550	1,700	1,250	1,450	1,650
8〜9（歳）	1,600	1,800	2,050	1,500	1,700	1,900
10〜11（歳）	1,950	2,250	2,500	1,750	2,000	2,250
12〜14（歳）	2,200	2,500	2,750	2,000	2,250	2,550
15〜17（歳）	2,450	2,750	3,100	2,000	2,250	2,500
18〜29（歳）	2,250	2,650	3,000	1,700	1,950	2,250
30〜49（歳）	2,300	2,650	3,050	1,750	2,000	2,300
50〜69（歳）	2,100	2,450	2,800	1,650	1,950	2,200
70（歳）以上	1,850²	2,200²	2,500²	1,450²	1,700²	2,000²
妊婦（付加量）初期				+50	+50	+50
中期				+250	+250	+250
末期				+450	+450	+450
授乳婦（付加量）				+350	+350	+350

日本人の食事摂取基準（2010年版）

1成人では、推定エネルギー必要量＝基礎代謝量（kcal/日）×身体活動レベル
として算定。18〜69歳では、身体活動レベルはそれぞれⅠ＝1.50、Ⅱ＝1.75、Ⅲ＝2.00、70歳以上では、それぞれⅠ＝1.45、Ⅱ＝1.70、Ⅲ＝1.95として算出。
2主として、70〜75歳ならびに自由な生活を営んでいる対象者に基づく報告から算定。

身体活動レベルと日常生活の内容

身体活動レベル		日常生活の内容
低い（Ⅰ）	1.50 (1.40〜1.60)	生活の大部分が座位で、静的な活動が中心の場合
ふつう（Ⅱ）	1.75 (1.60〜1.90)	座位中心の仕事だが、職場内での移動や立位での作業・接客等、あるいは通勤・買物・家事、軽いスポーツ等のいずれかを含む場合
高い（Ⅲ）	2.00 (1.90〜2.20)	移動や立位の多い仕事への従事者、あるいは、スポーツなど余暇における活発な運動習慣をもっている場合

照林社　　イラスト：ウマカケバクミコ